钢节点连接装配式框架
——试验、理论与应用

Precast Frame Structure Connected with Steel Joints
—— Experiment, Theory and Practice

张锡治　章少华　李星乾　著

中国建筑工业出版社

图书在版编目（CIP）数据

钢节点连接装配式框架：试验、理论与应用 =
Precast Frame Structure Connected with Steel
Joints ——Experiment，Theory and Practice / 张锡
治，章少华，李星乾著 .—北京：中国建筑工业出版社，
2023.5

ISBN 978-7-112-28594-5

Ⅰ.①钢⋯　Ⅱ.①张⋯②章⋯③李⋯　Ⅲ.①钢结构
— 框架结构　Ⅳ.① TU391

中国版本图书馆 CIP 数据核字（2023）第 057262 号

责任编辑：刘瑞霞　李静伟
责任校对：张惠雯

钢节点连接装配式框架
——试验、理论与应用

Precast Frame Structure Connected with Steel Joints
—— Experiment, Theory and Practice

张锡治　章少华　李星乾　著

*

中国建筑工业出版社出版、发行（北京海淀三里河路 9 号）
各地新华书店、建筑书店经销
北京点击世代文化传媒有限公司制版
建工社（河北）印刷有限公司印刷

*

开本：787 毫米 ×1092 毫米　1/16　印张：12¼　字数：261 千字
2023 年 5 月第一版　2023 年 5 月第一次印刷
定价：**49.00** 元
ISBN 978-7-112-28594-5
（40929）

前　言

装配式建筑按照材料分为装配式混凝土结构、装配式钢结构和装配式木结构三种，目前装配式混凝土结构由于综合成本低、耐腐蚀和防火性能好得到广泛应用。但装配式混凝土结构一般通过预制构件间的节点区"等同现浇"技术实现装配，这样的装配式建筑，现场浇筑比例大、预制构件标准化程度低、节点构造复杂，存在施工效率低、建造成本高等问题。

带着这些问题重读梁思成先生 1962 年 9 月 9 日发表于《人民日报》的文章"从拖泥带水到干净利索"，为 60 多年前梁思成先生对建筑工业化的深刻洞见所折服，我们目前装配式建筑的施工效率尚未达到"干净利索"的程度。

要解决当前装配式建筑中存在的"拖泥带水"等问题，真正实现构件生产工业化、建筑施工装配化，需要破除按材料归类的界定，把不同材料在一个结构体系整合起来，扬长避短，发挥各自优势。因此，在 2014 年我们提出钢节点连接装配式混凝土框架的概念，历时 8 年，课题团队从构件、节点到框架不同层次开展试验研究和理论分析，提出钢节点连接预制混凝土框架结构中新型构件及连接节点的构造和承载性能分析方法，揭示其震损机制，推导出这种框架抗侧刚度计算公式并给出简化计算方法；在钢节点连接装配式混凝土框架中加设耗能性能较好的预制竖缝混凝土墙，对其破坏形态和抗震延性开展试验研究，并基于研究成果，建成示范项目。

本书是对上述研究工作的总结，内容共分 8 章，主要包括：绪论、预制混合梁受力性能、钢节点连接预制混凝土柱抗震性能、钢节点连接预制混凝土梁柱节点抗震性能、钢节点连接装配式混凝土框架抗震性能、内嵌竖缝墙的钢节点连接装配式混凝土框架抗震性能、钢节点连接装配式混凝土框架设计和工程实例。

本书写作过程中，天津大学建筑设计规划研究总院的同事和相关同行给予了许多建设性意见，在此对他们的支持表示感谢！课题团队的贡雪健、牛四欣、张佳玮、段东超、李青正、徐高栋、郝家树、张天鹤、张玉鑫、赵冬、渠桂金、邸尧、马相等硕士、博士研究生做了大量的试验研究、数值模拟和理论分析工作，他们的工作丰富了本书的内容，在此对他们的辛勤工作表示感谢！同时祝福他们在未来的工作中取得更加优异的成绩！

本书的研究工作先后得到国家自然科学基金项目（No.51578369；No.52278203）、天津市科技计划项目（No.17AXCXSF00080；No.19YDLYSN00120）、天津市住房和城乡建设委员会科研项目、住房和城乡建设部科学技术计划项目（2020-5-020）及静海区住房和城乡建设委员会项目的资助，还得到来自天津港（集团）有限公司、天津港航工程有限公司、中铁建大桥工程局集团建筑装配科技有限公司、中建六局

（天津）绿色建筑科技有限公司等企业的支持和帮助，特此致谢！

由于作者学识水平和阅历所限，书中难免存在不当或不足、甚至错误之处，我们怀着求真务实的态度期待读者不吝给予批评指正，并将继续努力对这些阶段性成果进行完善和发展，以期为建筑产业化的发展尽绵薄之力。

张锡治

2022 年 12 月于天津

目　录

第1章 绪论

1.1 引言

建筑业作为我国国民经济的支柱产业，为国民经济的发展、城乡面貌的改善做出了重大贡献。但传统的建筑业建造方式相对落后，存在建造方式粗放、资源消耗大、污染排放负荷高等问题，工程质量品质和建造效率都有待提高。随着人口红利的消失和"双碳"目标的确立，传统的建造方式已不符合绿色低碳的新发展理念，发展新型建造方式、推广装配式建筑是建筑业实现高质量发展的重要途径。

在装配式建筑推广中需要重点关注抗震安全和建造成本两方面问题。我国地处环太平洋地震带和欧亚地震带交汇处，是世界上地震灾害最严重的国家之一。一方面，传统的装配式建筑按照"等同现浇"原则进行设计，存在装配式节点难以实现现浇结构抗震构造要求的情况，或者说为实现抗震构造存在诸多构件制造不便、现场安装效率不高等问题，与装配式建筑提高效率、提高建筑质量的初衷不相符。另一方面，由于缺乏一体化设计，装配式建筑还存在预制构件标准化程度低、连接节点复杂等现象，使得建造成本与现浇结构相比偏高，成为推广新型建造方式的主要阻碍。

为更好地促进我国新型建筑产业化发展和建筑业转型升级，实现建筑业高质量发展，亟需开展装配式结构体系创新研究，拓展装配式新型构件、连接节点的设计理论，提高预制构件标准化，降低生产成本，保证装配式建筑抗震安全，助力建筑产业现代化发展。

1.2 装配式混凝土框架结构体系概述

装配式混凝土框架结构是研发最早、应用最广的装配式结构体系，具有室内空间布置灵活、外立面造型丰富等优点，在公共建筑、居住建筑和工业建筑中应用广泛。按结构整体力学性能特点，装配式混凝土框架结构可分为"等同现浇"和"非等同现浇"两种类型。"等同现浇"是通过钢筋之间的可靠连接（如"浆锚搭接""灌浆套筒"连接等），将预制构件与现浇部分有效连接起来，让整个装配式结构与现浇结构实现"等同"，满足建筑结构安全的要求。由于需要灌浆或部分后浇混凝土，也被称为"湿连接"结构。"非等同现浇"结构指预制构件通过预应力张拉、螺栓或焊接等方式进行连接，形成具有自身规律和力学特性的结构体系。

装配式混凝土框架结构中的梁、柱、楼板等主要结构构件部分或全部预制，然后在现场进行连接形成整体。其中，梁、柱、楼板的连接，特别是梁柱节点的连接方式是区分"等同现浇"和"非等同现浇"的关键，梁柱节点连接的构造方式和抗震性能不仅影响装配施工效率，而且决定了框架结构整体的抗震表现[1]。下文按"等同现浇"和"非等同现浇"分类，对装配式混凝土框架结构的国内外研究现状进行梳理。需说明的是，本书中的节点主要指框架结构中的梁柱节点和柱–柱连接节点，其中梁柱节点包括梁柱相交的节点核心区与邻近核心区的梁端和柱端[2]。

1.2.1　"等同现浇"装配式混凝土框架结构

梁端带 U 形键槽连接的装配式混凝土节点由于其构造简单、施工便捷等优点，受到了大量学者的关注。为研究梁端带键槽装配式混凝土节点的抗震性能，Im 等[3]以梁配筋率、梁端搁置长度为参数，完成了 5 个足尺梁端带键槽连接的中节点和 1 个现浇节点的拟静力试验，研究了梁端搁置于角钢的可行性。研究结果表明，梁端带键槽连接的节点试件在节点核心区发生钢筋粘结滑移，混凝土斜裂缝发展明显，导致节点刚度和耗能能力显著降低。

为使梁端带键槽连接的装配式混凝土节点应用于高烈度区，Parastesh 等[4]提出在梁柱节点核心区设置斜向钢筋，在预制 U 形混凝土梁的腹板中设置斜向箍筋，同时为提高施工效率，将预制梁的箍筋设置为开口形，如图 1.2-1 所示。试验结果表明，节点弯曲裂缝主要集中于梁端塑性铰区，节点核心区设置斜向钢筋能够有效限制节点斜裂缝发展，避免节点核心区发生剪切破坏。为更好地实现框架结构"强柱弱梁"抗震设计理念，Eom 等[5]结合现浇混凝土框架的塑性铰转移设计思路，提出了 3 种转移塑性铰的梁端带 U 形键槽的装配式混凝土节点形式，如图 1.2-2 所示。5 个足尺节点的拟静力试验结果表明，采用转移塑性铰设计的节点梁端钢筋滑移和节点核心区剪切破坏现象显著减轻，延性和耗能能力均优于现浇节点。

针对法国引进的世构体系，东南大学研究团队开展了系统的试验研究。典型的世构体系梁柱节点构造如图 1.2-3 所示，其基本组成为键槽、U 形钢筋和现浇混凝土。施工时预制混凝土梁下部纵向预应力钢绞线在梁端键槽内与穿过节点核心区的 U 形钢筋搭接连接，然后在搭接区域后浇筑混凝土。蔡建国等[6]对 3 个不同键槽长度的中节点的拟静力试验结果表明，节点滞回曲线饱满，最终破坏发生在梁端塑性铰区，柱及节点核心区未发生严重破坏。Liu 等[7]和 Zhang 等[8]对世构体系框架节点键槽开槽长度和键槽形式对节点承载力和延性的影响进行了试验研究。结果表明，合理的键槽长度和梁端预留凹槽节点具有良好的耗能和变形能力。为研究世构体系框架的抗震性能，周雅等[9]进行了两层框架结构的振动台试验。试验结果表明，结构在多遇地震作用下无明显损伤，在罕遇地震作用下节点核心区未出现裂缝，最大层间位移角为 1/122，满足"小震不坏、大震不倒"的抗震设防目标。

梁端不带 U 形键槽的装配式混凝土节点类型也有多种形式，按后浇混凝土位置的不同可分为节点后浇、节点预制和节点叠合 3 种形式。Ha 等[10]提出一种预制梁梁端底部设置封闭 U 形预应力钢绞线的节点形式，如图 1.2-4 所示。试验结果表明，

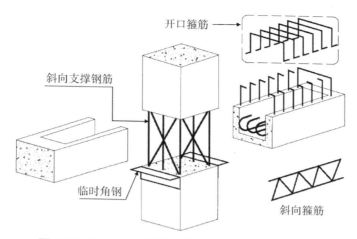

图 1.2-1 Parastesh 等提出的带键槽装配式混凝土节点

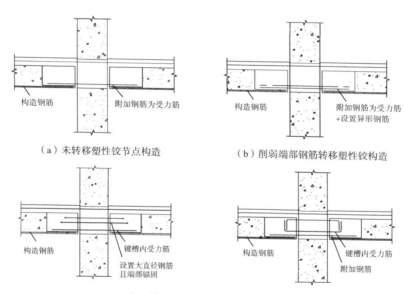

（a）未转移塑性铰节点构造　　　　（b）削弱端部钢筋转移塑性铰构造

（c）增强梁端钢筋转移塑性铰构造

图 1.2-2 Eom 等提出的转移塑性铰的带键槽装配式混凝土节点

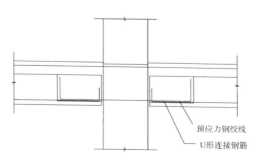

图 1.2-3 世构体系梁柱节点构造

当梁端设置附加连接钢筋时可实现等同现浇。Yuksel 等[11]针对工业和民用建筑中常采用的两种节点形式（图 1.2-5）进行了拟静力试验研究，结果表明，当层间位移角为 2% 时，两类节点滞回曲线饱满，耗能能力较强，当层间位移角达到 3% 时，滞回曲线出现明显捏拢现象，叠合节点区发生破坏。

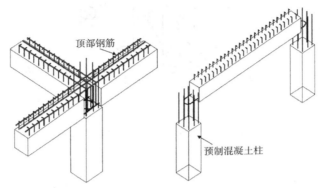

图 1.2-4　Ha 等提出的不带键槽的装配式混凝土节点

图 1.2-5　工业和民用建筑常用的节点叠合装配式混凝土框架结构体系

历次震害调查结果表明，框架梁柱节点是抗震最薄弱的环节之一。针对如何提高节点抗震性能，各国学者进行了大量研究，如节点区后浇高性能材料（纤维混凝土 FRC、高延性纤维增强水泥基复合材料 ECC、超高性能混凝土 UHPC 等）、使用高强钢筋等。高性能材料的使用能够有效解决装配整体式框架梁柱节点钢筋密集和混凝土浇筑困难等问题。章文纲等[12]按"强柱弱梁更弱节点"和"强柱弱梁、强节点弱构件"原则设计了 19 个节点试件，研究了节点是否后浇钢纤维混凝土、节点类型等参数下的抗震性能。结果表明，钢纤维混凝土能提高钢筋与混凝土的粘结强度，减小钢筋锚固长度；梁端发生弯剪破坏时，普通混凝土节点核心区的混凝土保护层严重剥落，而钢纤维混凝土节点核心区混凝土无明显剥落现象，且梁端配置钢纤维的范围内基本无斜裂缝出现，钢纤维混凝土节点较普通混凝土节点耗能能力提高约27%，受剪承载力和位移延性基本相同。赵斌等[13]对后浇高强钢纤维混凝土的足尺节点试验结果也证明了钢纤维混凝土对节点受力性能提高的有效性。Gou等[14]对后浇低收缩ECC装配式混凝土梁柱节点（图1.2-6）的抗震性能进行了试验研究，建议使用ECC后可部分减少或完全取消节点区箍筋配置。此外，Qudah和Maalej[15]、Yuan等[16]、Parra-Montesions等[17]、Said和Razak[18]也对后浇ECC的装配式混凝土梁柱节点进行了试验研究，结果表明，ECC具有良好的拉伸延展性和自体裂缝宽度控制特性，能够大幅提高节点的抗震性能。

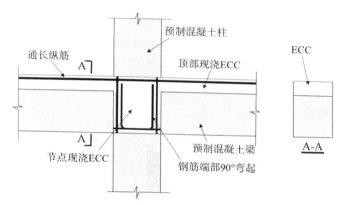

图 1.2-6　后浇低收缩 ECC 装配式混凝土梁柱节点 [14]

　　UHPC是一种超高韧性、超长耐久性的纤维增强水泥基复合材料，依据最大密实度原理构建，具有致密的微观结构，抗渗透、抗碳化、抗腐蚀和抗冻融循环能力优越[19]。Maya等[20]提出在节点区使用UHPC，试验结果表明：UHPC能够有效减小钢筋搭接长度，建议采用短钢筋搭接连接的方式。

　　为改善节点区钢筋拥挤、施工效率低、质量差等传统装配整体式梁柱节点的问题，刘璐等[21]、赵勇等[22]对采用HRB500级钢筋的装配整体式梁柱节点进行了拟静力试验，结果表明，大直径、大间距配筋形式对节点抗震性能无显著影响。因此，梁柱节点可采用高强钢筋和新型配筋形式，在保证受力性能的同时可简化施工流程、提高施工效率。

　　装配整体式混凝土框架结构整体的抗震性能是其在实际工程推广应用的重要基础，通过整体框架结构试验，对揭示其地震损伤机理、检验现行设计方法的合理性和修订设计方法具有重要意义。薛伟辰等[23]、罗青儿等[24]、杨新磊等[25]、黄远等[26]进行了装配整体式混凝土框架拟静力试验。研究结果表明，框架的破坏模式为混合机制，构造完备、设计合理的装配整体式混凝土框架具有良好的变形能力和耗能能力。肖建庄等[27]对 3 榀不同再生骨料掺量再生混凝土框架和 1 榀普通混凝土框架进行了拟静力试验，结果表明：设计合理的再生混凝土框架可以满足"强柱弱梁"抗震设计原则，承载力较普通混凝土框架低 2.3% ~ 15.7%，耗能能力无明显降低。

1.2.2 "非等同现浇"装配式混凝土框架结构

"非等同现浇"装配式混凝土框架结构的节点连接可采用预应力连接、焊接、螺栓连接等方式。与"等同现浇"装配式混凝土框架结构预期塑性变形应避开连接区段而出现在非连接区段不同，"非等同现浇"装配式混凝土框架结构通常以干式连接为主，地震作用下预期塑性变形位置发生于连接区段，节点设计得当，节点区易于震后修复和更换，抗震韧性良好。

20 世纪 90 年代，美国和日本联合开展了为期 10 年的预制抗震结构体系（PREcast Seismic Structural System，PRESSS）项目，完成了足尺节点、整体框架结构的系列模型试验和数值模拟分析，并完成了实际工程建设[28-33]。PRESSS 项目完成的部分试验及实际工程项目如图 1.2-7 所示。PRESSS 项目推荐了 4 种预应力连接方式[34]，包括先张预应力有阻尼、先张预应力无阻尼、后张预应力有阻尼和后张预应力无阻尼，如图 1.2-8 所示。

（a）节点试验　　　　　　　　　　　（b）整体框架结构试验

（c）旧金山 Paramount Building　　　　　（d）新西兰 Alan MacDiarmid Building

图 1.2-7　PRESSS 项目完成的部分试验及实际工程项目

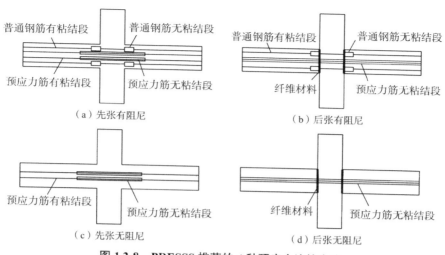

图 1.2-8 PRESSS 推荐的 4 种预应力连接方式

借鉴日本采用后张预应力连接装配式混凝土框架的压着工法[35]，柳炳康等[36]通过两个后张预应力压接的梁柱组合体拟静力试验，研究了暗牛腿形式节点的滞回特性。结果表明：在竖向荷载作用下，梁端部可依赖牛腿支撑和压力摩擦共同承担剪力，最终破坏时梁端形成塑性铰，整体结构具有良好的恢复功能和变形能力。

预应力连接装配式混凝土框架施工效率高，但梁柱节点耗能能力差。此外，PRESSS 项目研究的预制预应力抗震结构体系节点构造复杂，且只能形成单榀抗侧力框架，与国内抗震设计理念存在差异。针对以上问题，中建科技集团有限公司提出了一种预制预应力高效装配式混凝土框架（Precast Prestressed Efficiently Fabricated Frame，PPEFF），如图 1.2-9 所示，并先后完成了梁柱节点试验[37]、柱脚节点抗震性能试验、2 层 3 跨足尺单榀框架拟静力试验[38]、2 跨单榀框架抗连续倒塌试验[39] 和 5 层足尺框架结构抗连续倒塌试验[40-41]。

为提高预应力连接装配式混凝土框架耗能能力，许多学者提出了设置附加耗能装置的方法。Cheok 等[42] 提出在节点区额外附加耗能钢筋和角钢。Morgen 等[43] 提出设置摩擦阻尼器的耗能装配式节点。郭彤等[44-46] 提出了腹板摩擦式自定心预应力混凝土框架（图 1.2-10）：预制梁柱通过无粘结预应力钢绞线拼装在一起，同时梁端设有钢套和摩擦件（摩擦槽钢、摩擦片和摩擦螺栓），梁柱相对转动通过摩擦件耗能，地震后，框架在预应力的作用下恢复到初始位置，钢套保护梁端以避免出现压溃或开裂等损伤。通过试验和理论研究，建立了腹板摩擦式自定心预应力混凝土框架基于性能的抗震设计方法。类似地，Wang 等[47-48] 提出了一种在梁柱上均设置钢套，附加低碳钢筋作为耗能元件的预应力装配式混凝土框架结构。试验结果表明，节点具有良好的自复位能力，最大层间位移角可达 1/18，且试验结束后无明显残余变形。Lin 等[49] 提出一种面向地震和连续倒塌的综合防御装配式混凝土框架结构：框架梁和框架柱通过剪力传递板传递剪力，通过可更换耗能装置和预应力筋传递弯

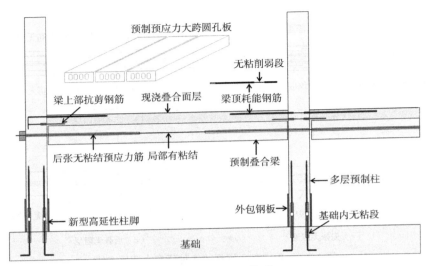

图 1.2-9 PPEFF 体系

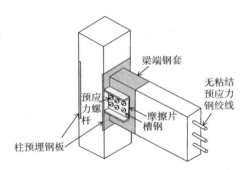

图 1.2-10 腹板摩擦式自定心预应力混凝土框架

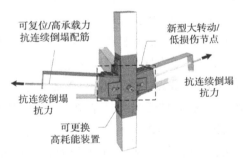

图 1.2-11 地震和连续倒塌综合防御装配式混凝土框架

矩，预应力筋可以同时作为抗震的自复位钢筋和抗连续倒塌的拉结配筋，剪力传递板可以在大变形下使剪力可靠传递，可更换耗能装置可以消耗地震和连续倒塌作用下的动能（图 1.2-11）。

除预应力连接外，近年来借鉴钢结构连接方法实现装配式混凝土框架干式连接受到了许多学者的关注。Ersoy 等[50] 研究了框架梁跨中焊接连接节点的抗震性能。Kim 等[51]、Zhang 等[52]、Vidjeapriya 等[53] 提出了带钢连接件的装配式混凝土框架结构，如图 1.2-12 所示。Ozturan 等[54] 提出了一种螺栓连接的干式节点。

总体来说，由于焊缝处容易发生脆性破坏，焊接连接节点抗震性能不易达到预期性能要求；螺栓连接节点安装便捷，但精度要求较高，对制作和安装队伍均要求较高的技术能力。相对而言，带钢连接件的节点兼具施工效率和抗震性能，综合性能较优。

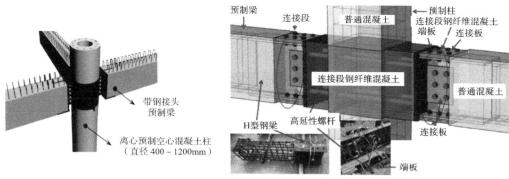

（a）梁柱钢连接件直接连接　　　　（b）具备高延性性能的节点

图 1.2-12　带钢连接件的装配式混凝土框架

近年来，针对框架结构地震损伤控制难、耗能能力不足等问题，基于人工塑性铰的装配式混凝土框架结构引起了众多学者关注，提出了多种不同构造形式的人工塑性铰（图 1.2-13），并开展了大量试验研究[55-59]。研究结果表明：基于人工塑性铰的连接节点能够有效控制混凝土损伤，避免梁端混凝土发生弯曲破坏，实现梁端"塑性可控"。

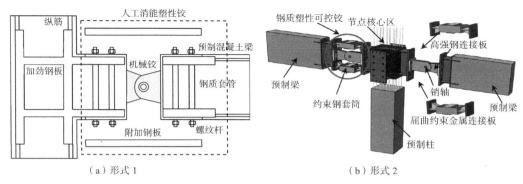

（a）形式 1　　　　　　　　　（b）形式 2

图 1.2-13　基于人工塑性铰的装配式混凝土框架节点（一）

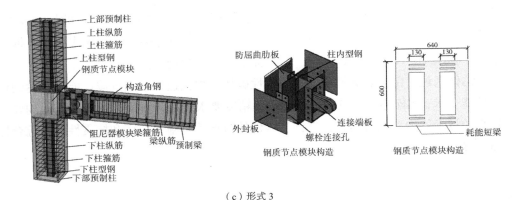

（c）形式 3

图 1.2-13　基于人工塑性铰的装配式混凝土框架节点（二）

1.3　钢节点连接装配式混凝土框架结构体系

基于预制混凝土构件设计和生产标准化理念，充分发挥钢结构连接便捷的优势，本书提出了钢节点连接装配式混凝土框架结构体系，如图 1.3-1 所示。钢节点连接装配式混凝土框架结构体系是由预制混凝土框架柱和钢 – 混凝土预制混合梁（简称预制混合梁）通过钢节点连接组成的装配式混凝土框架结构。预制混凝土框架柱制作时在楼层处预埋钢套箍，钢套箍内侧设置栓钉抗剪键，通过钢套箍节点内隔板即可实现与预制混合梁的快速装配化连接。楼板可根据具体情况采用预制混凝土叠合楼板或预制预应力混凝土叠合楼板等形式。

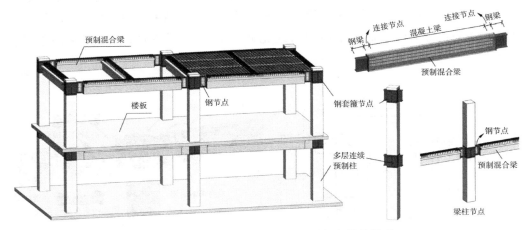

图 1.3-1　钢节点连接装配式混凝土框架结构体系

钢节点连接装配式混凝土框架结构体系兼顾结构性能、装配效率和经济性，符合建筑产业化发展要求，具有以下优势：①预制柱多层连续，在楼层处连续不断开，有效保证了框架节点质量，既提高了施工效率又节省了造价；②楼层处钢套箍对节点区形成有效约束，提高了框架节点受力性能，节点设计满足"强节点、弱构件"的抗震设计原则；③预制混合梁与预制柱在节点处通过钢节点连接，施工过程中无需支模和设置临时支撑，装配安装便捷，施工效率高；④综合造价低于钢结构体系。

　　对位于高烈度区的建筑，可通过在钢节点连接装配式混凝土框架结构中内嵌带竖缝的混凝土墙（简称竖缝墙）来提升结构的抗震性能，如图 1.3-2 所示。竖缝墙通过设置竖缝，将整片墙分为若干墙肢，将墙体在地震下的整体剪切变形转化为各竖缝间墙肢的弯曲变形，墙板边缘压应力得到有效控制，塑性变形和耗能能力提高。作为结构体系中的第一道防线，竖缝墙在地震中先于主体结构屈服但承载能力无显著降低，为主体结构提供附加阻尼，从而起到耗能和保护主体结构的作用；竖缝墙与楼层上部预制混合梁整体预制，吊装后与下层预制混合梁通过齿槽式连接形成整体，装配便捷，施工效率高。

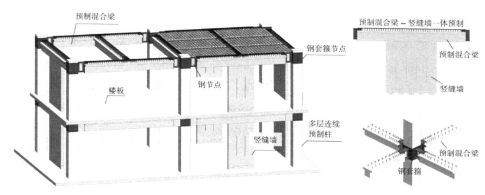

图 1.3-2　内嵌竖缝墙的钢节点连接装配式混凝土框架结构体系

参考文献

[1]　吴刚，冯德成.装配式混凝土框架节点基本性能研究进展 [J].建筑结构学报，2018，39（2）：1-16.

[2]　唐九如.钢筋混凝土框架节点抗震 [M].南京：东南大学出版社，1989.

[3]　Im H J，Park H G，Eom T S. Cyclic Loading Test for Reinforced-Concrete-Emulated Beam-Column Connection of Precast Concrete Moment Frame[J]. ACI Structural Journal，2013，110（1）：115-125.

[4]　Parastesh H，Hajirasouliha I，Ramezani R. A new ductile moment-resisting connection for precast concrete frames in seismic regions：an experimental investigation[J]. Engineering Structures，2014，70：144-157.

[5]　Eom T S，Park H G，Hwang H J，et al. Plastic hinge relocation methods for emulative PC

beam–column connections[J]. Journal of Structural Engineering，2016，142（2）：04015111.

[6] 蔡建国，冯健，王赞，等 . 预制预应力混凝土装配整体式框架抗震性能研究 [J]. 中山大学学报（自然科学版），2009，48（2）：136-140.

[7] Liu Y，Cai J，Deng X，et al. Experimental study on effect of length of service hole on seismic behavior of exterior precast beam–column connections[J]. Structural Concrete，2019，20（1）：85-96.

[8] Zhang Q，Wang S，Meloni M，et al. Experimental study on seismic behavior of precast beam-column connections under cyclic loading[J]. Structural Concrete，2021，22（3）：1315-1326.

[9] 周雅，冯健，蔡建国，等 . 世构体系框架结构模型振动台试验研究 [J]. 建筑结构学报，2022，43（7）：100-110.

[10] Ha S S，Kim S H，Lee M S，et al. Performance evaluation of semi precast concrete beam-column connections with U-shaped strands[J]. Advances in Structural Engineering，2014，17（11）：1585-1600.

[11] Yuksel E，Karadogan H F，Bal I E，et al. Seismic behavior of two exterior beam–column connections made of normal-strength concrete developed for precast construction[J]. Engineering Structures，2015，99：157-172.

[12] 章文纲，程铁生 . 钢纤维混凝土框架节点抗震性能的研究 [J]. 建筑结构学报，1989（1）：35-45.

[13] 赵斌，吕西林，刘海峰 . 预制高强混凝土结构后浇整体式梁柱组合件抗震性能试验研究 [J]. 建筑结构学报，2004（6）:22-28.

[14] Gou S，Ding R，Fan J，et al. Seismic performance of a novel precast concrete beam-column connection using low-shrinkage engineered cementitious composites[J]. Construction and Building Materials，2018，192：643-656.

[15] Qudah S，Maalej M. Application of Engineered Cementitious Composites（ECC）in interior beam–column connections for enhanced seismic resistance[J]. Engineering Structures，2014，69：235-245.

[16] Yuan F，Pan J，Xu Z，et al. A comparison of engineered cementitious composites versus normal concrete in beam-column joints under reversed cyclic loading[J]. Materials and structures，2013，46（1）：145-159.

[17] Parra-Montesinos G J，Peterfreund S W，Shih-Ho C. Highly damage-tolerant beam-column joints through use of high-performance fiber-reinforced cement composites[J]. ACI Structural Journal，2005，102（3）：487-495.

[18] Said S H，Razak H A. Structural behavior of RC engineered cementitious composite（ECC）exterior beam–column joints under reversed cyclic loading[J]. Construction and Building Materials，2016，107：226-234.

[19] 邵旭东，邱明红，晏班夫，等 . 超高性能混凝土在国内外桥梁工程中的研究与应用进展 [J]. 材料导报，2017，31（23）：33-43.

[20] Maya L F，Zanuy C，Albajar L，et al. Experimental assessment of connections for precast concrete frames using ultra high performance fibre reinforced concrete[J]. Construction and Building Materials，2013，48：173-186.

[21] 刘璐、黄小坤、田春雨、等.配置大直径大间距 HRB500 高强钢筋的装配整体式钢筋混凝土框架节点抗震性能试验研究 [J].建筑结构学报，2016，37（5）：247-254.

[22] 赵勇、时林、田春雨、等.装配整体式混凝土框架梁柱组合体抗震性能试验研究 [J].建筑结构学报，2021，42（7）：133-143.

[23] 薛伟辰、杨新磊、王蕴、等.六层两跨现浇柱预制梁框架抗震性能试验研究 [J].建筑结构学报，2008，29（6）：25-32.

[24] 罗青儿、王蕴、翁煜辉、等.装配整体式混凝土框架的试验研究 [J].特种结构，2008（4）：50-53.

[25] 杨新磊、薛伟辰、窦祖融、等.两层两跨现浇柱叠合梁框架抗震性能试验研究 [J].建筑结构学报，2008，29（6）：18-24.

[26] 黄远、张锐、朱正庚、等.现浇柱预制梁混凝土框架结构抗震性能试验研究 [J].建筑结构学报，2015，36（1）：44-50.

[27] 孙跃东、肖建庄、周德源、等.再生混凝土框架抗震性能的试验研究 [J].土木工程学报，2006（5）：9-15.

[28] Priestley M J N. Overview of PRESSS research program[J]. PCI Journal，1991，36（4）：50-57.

[29] Priestley M N. The PRESSS program—current status and proposed plans for phase Ill[J]. PCI Journal，1996，4（2）：22-40.

[30] Sritharan S S. An Overview of the PRESSS Five-Story Precast Test Building[J]. 1999，26-39.

[31] Priestley M J N，Sritharan S，Conley J R，et al. Preliminary results and conclusions from the PRESSS five-story precast concrete test building[J]. PCI Journal，1999，44（6）：42-67.

[32] Pampanin S. Emerging solutions for high seismic performance of precast/prestressed concrete buildings[J]. Journal of Advanced Concrete Technology，2005，3（2）：207-223.

[33] Englekirk R E. Design-construction of the Paramount-A 39-story precast prestressed concrete apartment building[J]. PCI Journal，2002，47（4）：56-71.

[34] Stanton J F，Nakaki S D. Design guidelines for precast concrete seismic structural systems [R]. PRESSS Report No. 01/03-09. Seattle：Department of Civil Engineering，University of Washington，2002.

[35] 後藤寿之.東京貨物ターミナル駅複合施設の構造設計 [J].預應力混凝土技術協会会刊（日），1992，34（3）：8-21.

[36] 柳炳康、张瑜中、晋哲锋、等.预压装配式预应力混凝土框架接合部抗震性能试验研究 [J].建筑结构学报，2005（2）：60-65.

[37] 潘鹏、王海深、郭海山、等.后张无黏结预应力干式连接梁柱节点抗震性能试验研究 [J].

建筑结构学报，2018，39（10）：46-55.

[38] 郭海山，史鹏飞，齐虎，等 . 后张预应力压接装配混凝土框架结构足尺试验研究 [J]. 建筑结构学报，2021，42（7）：119-132.

[39] Li Z X，Liu H，Shi Y，et al. Experimental investigation on progressive collapse performance of prestressed precast concrete frames with dry joints[J]. Engineering Structures，2021，246：113071.

[40] 师燕超，李黎明，郭海山，等 . 五层足尺预应力压接装配框架结构顶层角柱失效试验研究 [J]. 建筑结构学报：1-14.

[41] 郭志鹏，郭海山，李黎明，等 . 五层足尺预应力压接装配框架结构抗连续倒塌能力分析 [J]. 建筑结构学报：1-16.

[42] Cheok G S，Stone W C，Kunnath S K. Seismic response of precast concrete frames with hybrid connections[J]. Structural Journal，1998，95（5）：527-539.

[43] Morgen B G，Kurama Y C. Seismic design of friction-damped precast concrete frame structures[J]. Journal of Structural Engineering，2007，133（11）：1501-1511.

[44] 郭彤，宋良龙，张国栋，等 . 腹板摩擦式自定心预应力混凝土框架梁柱节点的试验研究 [J]. 土木工程学报，2012，45（6）：23-32.

[45] 郭彤，宋良龙 . 腹板摩擦式自定心预应力混凝土框架梁柱节点的理论分析 [J]. 土木工程学报，2012，45（7）：73-79.

[46] 郭彤，宋良龙 . 腹板摩擦式自定心预应力混凝土框架基于性能的抗震设计方法 [J]. 建筑结构学报,2014，35（2）：22-28.

[47] Wang H，Marino E M，Pan P，et al. Experimental study of a novel precast prestressed reinforced concrete beam-to-column joint[J]. Engineering Structures，2018，156：68-81.

[48] Wang H，Barbagallo F，Pan P. Test of precast pre-stressed beam-to-column joint with damage-free reinforced concrete slab[J]. Engineering Structures，2020，210：110368.

[49] Lin K，Lu X，Li Y，et al. Experimental study of a novel multi-hazard resistant prefabricated concrete frame structure[J]. Soil Dynamics and Earthquake Engineering，2019，119：390-407.

[50] Ersoy U，Tankut T. Precast concrete members with welded plate connections under reversed cyclic loading[J]. PCI Journal，1993，38（4）：94-100.

[51] Kim J H，Cho Y S，Lee K H. Structural performance evaluation of circular steel bands for PC column–beam connection[J]. Magazine of Concrete Research，2013，65（23）：1377-1384.

[52] Zhang J，Ding C，Rong X，et al. Experimental seismic study of precast hybrid SFC/RC beam–column connections with different connection details[J]. Engineering Structures，2020，208：110295.

[53] Vidjeapriya R，Jaya K P. Experimental study on two simple mechanical precast beam-column connections under reverse cyclic loading[J]. Journal of Performance of Constructed Facilities，2013，27（4）：402-414.

[54] Ozturan T，Ozden S，Ertas O. Ductile connections in precast concrete moment resisting frames[J]. Concrete Construction，2006，9：11.

[55] 李祚华，彭志涵，齐一鹤，等 . 装配式 RC 梁柱塑性可控钢质节点抗震性能足尺试验研究 [J]. 建筑结构学报，2019，40（10）：43-50.

[56] 马哲昊，张纪刚，梁海志，等 . 装配式人工消能塑性铰节点低周往复试验数值模拟研究 [J]. 土木工程学报，2020，53（S2）：162-168.

[57] Li Z，Qi Y，Teng J. Experimental investigation of prefabricated beam-to-column steel joints for precast concrete structures under cyclic loading[J]. Engineering Structures，2020，209：110217.

[58] 颜桂云，余勇胜，吴应雄，等 . 可恢复功能预制装配式损伤可控钢质节点抗震性能试验研究 [J]. 土木工程学报，2021，54（8）：87-100.

[59] 颜桂云，袁宇琴，郑莲琼，等 . 装配式钢质塑性可控铰抗震性能试验研究 [J]. 建筑结构学报，2022，43（1）：86-94.

第2章 预制混合梁受力性能

2.1 概述

与钢－混凝土组合梁不同，预制混合梁是由端部钢梁和中部混凝土梁组合成可整体受力的预制梁，由位于端部的钢梁、中部的混凝土梁以及两者之间的连接节点组成，节点构造如图2.1-1所示。与传统预制混凝土梁相比，预制混合梁利用端部钢梁，采用高强度螺栓进行连接，具有施工便利、连接质量可靠等优势。

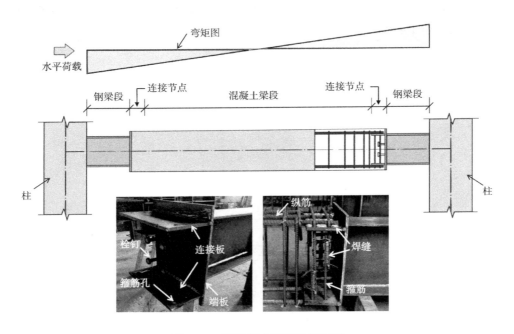

图 2.1-1 预制混合梁组成示意图

预制混合梁端部钢梁采用H型钢，上下翼缘在连接节点处通过端板与上下连接板相连；混凝土梁内纵筋通过焊接与连接板相连，连接板最小长度应满足钢筋焊缝长度的要求；混凝土梁内纵筋的应力通过连接板传递至钢梁翼缘；端板与混凝土交界面处剪力由端板中部的栓钉承担。预制混合梁连接节点传力示意如图2.1-2所示。为简化连接节点处构造、方便施工、避免连接节点及附近出现承载力突变，钢梁腹板可不伸入连接节点内。连接节点处箍筋由穿过连接板内预留孔的U形箍筋焊接而成，该箍筋形式不仅能承担剪力，还可增强连接节点范围内混凝土与连接板的粘结性能。当梁跨度较大或荷载较大时，可在混凝土梁内布置预应力钢筋来减小挠度、减少配筋。

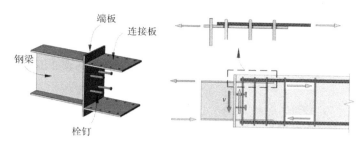

图 2.1-2 预制混合梁连接节点及传力示意图

预制混合梁具有以下优势：①通过高强度螺栓将预制混合梁和预制混凝土柱节点区钢节点进行装配连接，安装简便快捷；②现场装配过程中湿作业少，机械化程度高；③发挥两种材料的特性，与钢梁相比，预制混合梁刚度大，防火性能好；与混凝土梁相比，预制混合梁便于装配，延性好。

2.2 预制混合梁受弯性能

目前国内外对预制混合梁受弯性能的研究多集中于两端简支边界条件 [1-3]，鉴于工程中广泛采用刚性连接的梁柱节点，故开展固定边界条件下预制混合梁的力学性能研究，分析钢与混凝土连接节点对预制混合梁整体受力性能的影响具有重要的意义。本节通过 4 个预制混合梁和 1 个普通预制混凝土梁试件的受弯性能试验和数值模拟，探讨预制混合梁的破坏形态、承载能力、延性、变形性能和应变分布，研究钢 – 混凝土连接节点的传力性能，分析不同参数对受弯性能的影响，基于虚功原理建立预制混合梁极限荷载计算式。

2.2.1 试验概况

1. 试件设计

试件尺寸及配筋如图 2.2-1 所示。共设计 5 个预制梁试件，包括 4 个预制混合梁试件 PHSC1 ~ PHSC4 和 1 个普通预制混凝土对比试件 PC1。各试件梁净跨 L_n 均为 3600mm，其中梁净跨定义为预制梁两端固支端之间的距离。对预制混合梁，其净跨即为预制混合梁的总长度（包括端部钢梁）。预制混合梁与普通预制混凝土梁试件具有相同的混凝土梁截面，宽度 300mm，高度 400mm。试件 PHSC1 ~ PHSC4 的连接节点构造和钢梁截面尺寸均相同，端板厚 10mm，宽度和高度分别为 300mm 和 400mm；连接板厚 10mm，宽度 300mm，长度 130mm；端板中部栓钉直径 16mm，长度 90mm，间距 100mm，共 6 个。各试件箍筋直径 10mm，间距 100mm，加载点与连接节点处箍筋间距 50mm。试件 PHSC1 ~ PHSC4 中纵筋与连接板的焊缝长度为 100mm，焊接方式为双面焊。对预制混合梁，制作时其端部钢梁部分埋入刚性块体内，确保梁端满足固定边界条件。为与普通预制混凝土梁试件比较，试件 PC1 梁跨中截面设计受弯承载力与试件 PHSC1～PHSC4 梁跨中设计受弯承载力相同。试验参数包括钢梁长度 L_s、混凝土梁与钢梁设计受弯承载力比 M_{uc}/M_{us} 以及混凝土梁与钢梁线刚度比 i_c/i_s，具体试件参数见表 2.2-1。

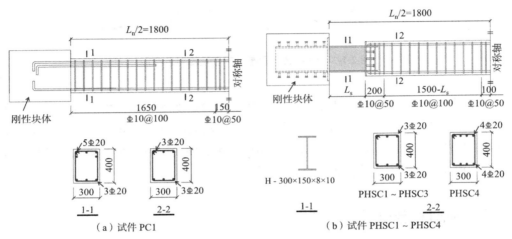

图 2.2-1　试件尺寸及构造

试件参数　　　　　　　　　　　　　　　　　　　　　　　　　表 2.2-1

编号	L_s（mm）	M_{uc}/M_{us}	i_c/i_s
PC1	—	—	—
PHSC1	200	0.65	0.20
PHSC2	400	0.65	0.46
PHSC3	600	0.65	0.81
PHSC4	400	0.88	0.46

2. 材料力学性能

试件中钢材采用 Q355 钢，纵筋和箍筋采用 HRB400 级钢筋，实测钢材力学性能指标见表 2.2-2。混凝土强度等级 C40，实测 150mm 边长标准混凝土立方体抗压强度平均值为 38.8MPa。

钢材力学性能　　　　　　　　　　　　　　　　　　　　　　　　表 2.2-2

类型	d, t（mm）	f_y（MPa）	f_u（MPa）	δ（%）
箍筋	10	475	630	19
纵筋	20	403	527	28
钢板	8	363	488	26
	10	361	521	25

注：d 为钢筋直径；t 为钢板厚度；f_y 为屈服强度；f_u 为抗拉强度；δ 为断后伸长率。

3. 试验装置与加载制度

使用压梁和地锚将试件端部刚性块体与地面固定，成为梁端固定支座。跨中集中荷载由 100t 油压千斤顶施加。试验加载采用分级加载，每级荷载增量在开裂前为 20kN，开裂后为 30kN，屈服后改为位移控制模式，每级位移增量 10mm，当荷载降至峰值荷载的 85% 时，加载结束。试验加载装置见图 2.2-2。

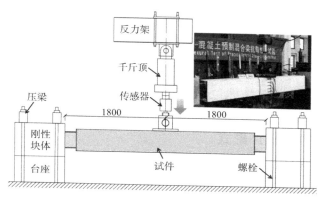

图 2.2-2　加载装置

4. 测点布置及量测内容

位移计布置见图 2.2-3，荷载 – 跨中挠度曲线由跨中加载点处荷载传感器和位移传感器测量。沿梁长度方向布置 7 个位移计（D1 ~ D7）用以测量试件挠度变形曲线；在梁两端刚性块体的侧面和顶面布置百分表（B1 ~ B6）用以测量刚性块体的水平位移和转动。量测结果表明，试验过程中刚性块体水平位移和转动较小，可视为试件的固定支座。在钢梁上下翼缘和腹板布置应变片，用以测量钢梁应变；在连接节点的端板、栓钉以及与纵筋应变片对应的连接板位置布置应变片，用以测量端板、栓钉和连接板应变，验证焊缝连接方式在传力中是否可靠；在连接节点区域的纵筋、箍筋以及混凝土梁内纵筋布置应变片测量钢筋应变；在跨中截面沿梁高布置应变片测量混凝土应变，用于分析跨中截面应变沿梁高的分布规律。图 2.2-4 给出了试件 PHSC2 的应变片布置。

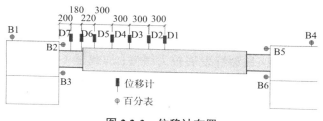

图 2.2-3　位移计布置

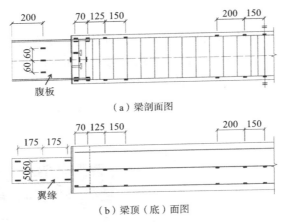

（a）梁剖面图

（b）梁顶（底）面图

图 2.2-4　试件 PHSC2 应变片布置

2.2.2　试验现象及破坏形式

为确定加载过程中混凝土裂缝开展位置和宽度，试验前对混凝土部分进行刷白处理，并绘制 100mm × 100mm 网格。各试件试验过程和破坏特征如下。

普通预制混凝土梁试件 PC1：荷载达到 90kN 时，梁跨中受拉区出现第一条弯曲裂缝，梁端距支座 250mm 处在加载至 100kN 时出现弯曲裂缝；继续加载，梁支座及跨中不断出现新裂缝，已有裂缝继续开展并向受压区域延伸；加载至 $0.45P_m$（P_m 为峰值荷载），梁支座及跨中弯曲裂缝开始斜向开展。加载至 $0.92P_m$ 时，试件屈服，荷载 – 跨中挠度曲线出现拐点，此时支座和跨中区域裂缝已开展至 0.75 ~ 0.90 倍梁高处。随着加载继续，裂缝宽度和挠度均迅速增大。峰值荷载时，梁支座和跨中均已形成 2 ~ 3 条主裂缝，最大宽度约为 3.4mm，受压区混凝土有压碎剥落现象。荷载在峰值点后开始缓慢降低，受压区混凝土压碎明显，最终破坏形态见图 2.2-5（a）。

4 个预制混合梁试件的破坏过程和试验现象基本相似，可分为以下 4 个阶段：

（1）初始开裂阶段：随着荷载增加，试件 PHSC1 和 PHSC2 分别于 60kN 和 65kN 时在距端板约 150 ~ 200mm 区域内出现第一条受弯裂缝，随后分别于 95kN 和 80kN 时在跨中受拉区出现弯曲裂缝。试件 PHSC3 和 PHSC4 分别于 80kN 和 85kN 时在跨中受拉区出现第一条受弯裂缝，随后分别于 95kN 和 90kN 时在距端板约 150 ~ 200mm 区域内出现受弯裂缝。增加端部钢梁长度可延缓支座处混凝土梁端裂缝的出现。

（2）斜裂缝形成阶段：继续加载，跨中受拉区域不断出现新裂缝，已有裂缝不断延伸和变宽，而梁端区域裂缝发展较为缓慢；加载至（0.35 ~ 0.45）P_m，跨中区域弯曲裂缝大约在 0.25 ~ 0.38 倍梁高处斜向开展，形成腹剪斜裂缝，此时梁端裂缝以弯曲裂缝为主，斜裂缝较少。试件屈服时，跨中区域裂缝开展至 0.75 ~ 0.95 倍梁高处，梁端裂缝开展至 0.25 ~ 0.75 倍梁高处，端部钢梁越长，梁端裂缝开展高度越低。

（3）峰值荷载阶段：试件屈服后，跨中挠度和裂缝宽度迅速增大，梁端原有裂缝继续开展，同时有新裂缝出现；峰值荷载时，各试件跨中受压区混凝土轻微压碎，除试件 PHSC1 外，其余试件钢梁下翼缘均出现轻微屈曲现象。

（4）破坏阶段：峰值荷载后，荷载开始缓慢下降，至试件破坏时，试件 PHSC1 的塑性铰主要形成在跨中和与连接节点相邻的混凝土梁内，端部钢梁保持完好；试件 PHSC2 ~ PHSC4 的塑性铰主要出现在端部钢梁和跨中混凝土梁内，端部钢梁腹板和下翼缘发生屈曲。

预制混合梁的最终破坏形态如图 2.2-5（b）~图 2.2-5（e）所示。由图 2.2-5 可知，试件均发生弯曲破坏。普通预制混凝土梁破坏时，塑性铰主要出现在跨中和梁端；预制混合梁破坏时，除试件 PHSC1 在跨中和与连接节点相邻的混凝土梁内出现塑性铰外，其余试件塑性铰均出现在跨中和梁端。

试验现象表明，预制混合梁内力传递路径清晰，受力明确；试件在连接节点相邻区域出现裂缝，连接节点区域裂缝较少；在加载过程中，连接节点始终保持较好的整体性，能有效传递两者间应力。

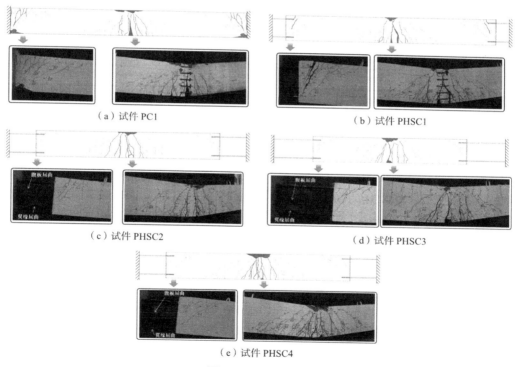

（a）试件 PC1 　　　　　　　　　（b）试件 PHSC1

（c）试件 PHSC2 　　　　　　　　（d）试件 PHSC3

（e）试件 PHSC4

图 2.2-5　破坏形态

2.2.3　试验结果与分析

1. 荷载 – 跨中挠度曲线

各试件荷载 – 跨中挠度曲线如图 2.2-6 所示。表 2.2-3 给出了各试件特征点处的荷载及变形。

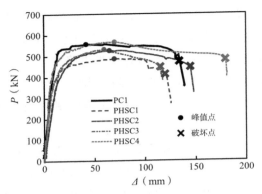

图 2.2-6　荷载－跨中挠度曲线

主要阶段试验结果　　　　　　　　表 2.2-3

试件 编号	P_{cr} （kN）	P_y （kN）	Δ_y （mm）	P_m （kN）	P_m/P_y	Δ_u （mm）	μ	K_0 （kN/mm）
PC1	90	510.6	12.6	557.5	1.09	133.8	10.6	44.3
PHSC1	60	432.2	17.0	487.5	1.13	115.8	6.8	29.5
PHSC2	65	447.3	20.2	526.8	1.18	144.7	7.2	26.1
PHSC3	80	435.6	15.6	532.1	1.22	115.1	7.4	25.8
PHSC4	85	453.0	11.1	567.2	1.25	179.5	16.2	38.1

注：P_{cr} 为开裂荷载；P_y 和 Δ_y 分别为屈服荷载和屈服位移；P_m 为峰值荷载；P_m/P_y 为强屈比；Δ_u 为极限位移；μ 为延性系数；K_0 为初始刚度。

由图 2.2-6 和表 2.2-3 可知：①各试件荷载－跨中挠度曲线在开裂前呈线性变化，处于弹性阶段；开裂后曲线出现明显拐点，进入裂缝开展阶段，跨中挠度增长较快。②试件 PHSC1～PHSC4 的初始刚度分别为试件 PC1 初始刚度的 67%、59%、58% 和 86%，预制混合梁初始刚度小于普通预制混凝土梁。③与试件 PHSC1 相比，试件 PHSC2 和 PHSC3 的峰值荷载分别提高 8.1% 和 9.2%。表明端部钢梁长度的增加可提高承载力。④与试件 PHSC1 和 PC1 相比，试件 PHSC4 的峰值荷载较试件 PHSC1 提高 16.4%，较试件 PC1 提高 1.7%，其极限位移较试件 PHSC1 和试件 PC1 分别提高 55% 和 33%，表明预制混合梁受弯承载力比的增加能有效提高承载力和变形能力。⑤与试件 PC1 相比，试件 PHSC1～PHSC4 的强屈比分别提高了 3.7%、8.3%、11.9% 和 14.7%。表明预制混合梁屈服后弹塑性变形能力要优于普通预制混凝土梁。

2. 延性性能

采用延性系数来评价构件延性[4]，延性系数 $\mu=\Delta_u/\Delta_y$。极限位移 Δ_u 取荷载下降至峰值荷载 85% 时的位移，屈服位移 Δ_y 采用文献 [5] 中方法确定，各试件延性系数见表 2.2-3。图 2.2-7 给出了钢梁长度、线刚度比和受弯承载力比对试件延性的影响规律。

由表 2.2-3 和图 2.2-7 可知：①延性系数随端部钢梁长度的增加呈线性增长关系。当钢梁长度由 200mm 分别增加至 400mm 和 600mm 时，其延性系数分别增大约 5% 和 8%，表明预制混合梁延性随端部钢梁长度的增加而增大。线刚度比对延性系数的影响规律与端部钢梁长度相似，延性系数随线刚度比的增加大致呈线性增长趋势。②在端部钢梁长度相同情况下，受弯承载力比由 0.65 增加至 0.88 时，延性系数提高 126%，说明受弯承载力比对预制混合梁延性性能影响显著，受弯承载力比接近于 1.0 时更有利于整体变形能力的提高。③与试件 PC1 相比，试件 PHSC1 ~ PHSC3 的延性系数约低 36%，试件 PHSC4 的延性系数约高 53%。分析其原因为试件 PC1 基于实测材料性能指标所计算的梁端截面实际受弯承载力大于试件 PHSC1 ~ PHSC3 端部钢梁实际受弯承载力，梁端塑性转动能力有一定程度的提高，故其延性系数高于试件 PHSC1 ~ PHSC3；试件 PHSC4 因跨中截面配筋率增加，其截面承载力和塑性转动能力较试件 PC1 有较大提高，故其延性系数高于试件 PC1。④试件 PHSC1 ~ PHSC4 的延性系数介于 6.8 ~ 16.2 之间，满足受弯构件延性系数不小于 3.0 的要求，具有较好的延性性能。

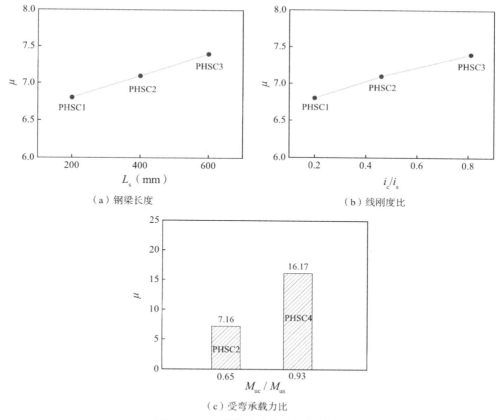

（a）钢梁长度　　　　　　　　　　　（b）线刚度比

（c）受弯承载力比

图 2.2-7　各因素对试件延性的影响

3. 挠度曲线

图 2.2-8 为试件挠度曲线。由图可知：①各试件挠度在 $0.7P_m$ 后有较快增长，试件 PHSC1 ～ PHSC4 的增长幅度大于试件 PC1，峰值荷载时的挠度均比试件 PC1 大。②在 $0.7P_m$ 之前，预制混合梁试件的挠度曲线形状与普通预制混凝土梁试件相似，但在峰值荷载时差异较大。由于端部钢梁较强的变形能力，导致预制混合梁试件的裂缝主要集中于梁跨中受拉区域，梁端裂缝较少。与预制混合梁试件相比，普通预制混凝土梁的挠度曲线更平滑。③峰值荷载时，试件 PHSC1 ～ PHSC4 跨中挠度分别达到梁净跨 L_n 的 1/52、1/56、1/60 和 1/52，极限变形能力较好。

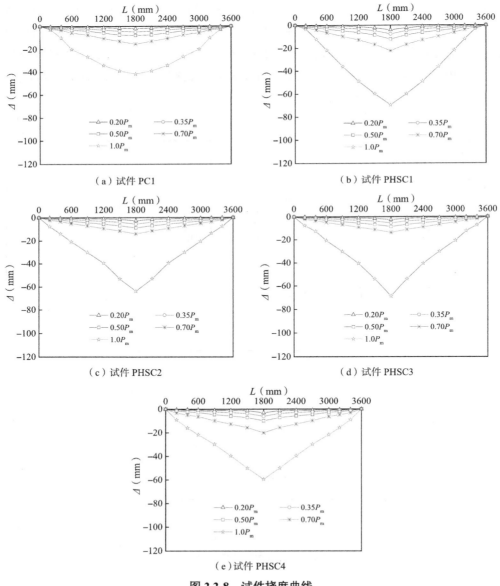

图 2.2-8　试件挠度曲线

4. 跨中截面应变分布

图 2.2-9 给出了试件 PHSC1 ~ PHSC4 在各级荷载作用下跨中截面应变沿截面高度的分布和发展情况，图中横坐标以压应变为负，拉应变为正，h_d 为应变测点到梁底的距离。分析图 2.2-9 可知，中和轴位置随荷载增大逐渐向受压区移动，沿截面高度的应变分布基本呈线性，符合平截面假定的分布特征。

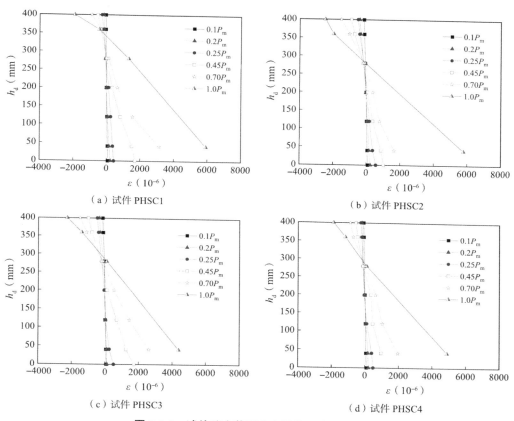

图 2.2-9　试件跨中截面应变沿截面高度的分布

5. 钢梁及纵筋应变曲线

图 2.2-10 为试件 PHSC1 ~ PHSC4 钢梁及纵筋的荷载 – 应变曲线，图中给出了钢梁和纵筋应变测点位置。

由图 2.2-10 可知：①随着荷载的增加，试件 PHSC1 端部钢梁翼缘应变不断增大，钢梁上翼缘应变在峰值荷载后基本保持稳定，而钢梁下翼缘应变呈下降趋势，分析原因为梁端塑性发展逐步集中在混凝土梁端部，内力重分布导致钢梁应变降低，塑性发展不充分。由试验现象可知，钢梁未出现屈曲现象，梁端塑性铰位于与连接节点相邻的混凝土梁内。②试件 PHSC2 ~ PHSC4 中受拉纵筋和钢梁翼缘应变发展规律相似，连接节点相邻混凝土梁内顶部受拉纵筋的应变超过屈服应变，但由于峰值

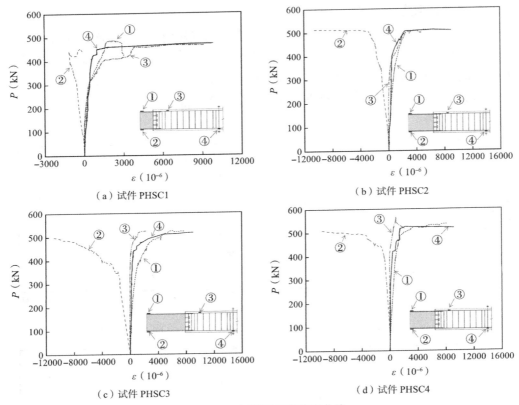

图 2.2-10　钢梁及纵筋应变曲线

荷载后钢梁的塑性变形，其应变增长缓慢；梁端塑性发展集中在钢梁内，表明预制混合梁整体变形能力较强。

6. 沿梁长方向应变分布

通过设置在钢梁翼缘和纵筋的应变测点，可得到各级荷载下沿梁长方向的应变分布，如图 2.2-11 所示，图中纵坐标为钢梁上翼缘或纵筋应变，应变均为拉应变，正负号分别代表顶面和底面位置，L_d 为应变测点至左端支座的距离。

由图 2.2-11 可知：①在 0.8 倍和 1.0 倍屈服荷载以及峰值荷载下，各试件沿梁长方向应变分布与跨中集中荷载作用下两端固支梁弯矩图基本一致，说明预制混合梁整体性能较好，各部分能整体协同工作。②屈服荷载时，各试件沿梁长方向各测点应变值的连线与零应变水平线相交，其交点至纵坐标的距离：试件 PC1 为 880mm，试件 PHSC1 ~ PHSC4 分别为 1270mm、990mm、1040mm 和 870mm，其中试件 PC1 和试件 PHSC4 最接近理论弯矩图中反弯点到支座的距离（900mm），表明提高受弯承载力比可增强预制混合梁的整体受力性能。③峰值荷载时，试件 PHSC1 ~ PHSC4 连接节点处纵筋应变值均超过屈服应变 1570×10^{-6}，PHSC1 最大应变值 4300×10^{-6}，PHSC2 ~ PHSC4 最大应变值 2300×10^{-6}，表明连接节点能有效

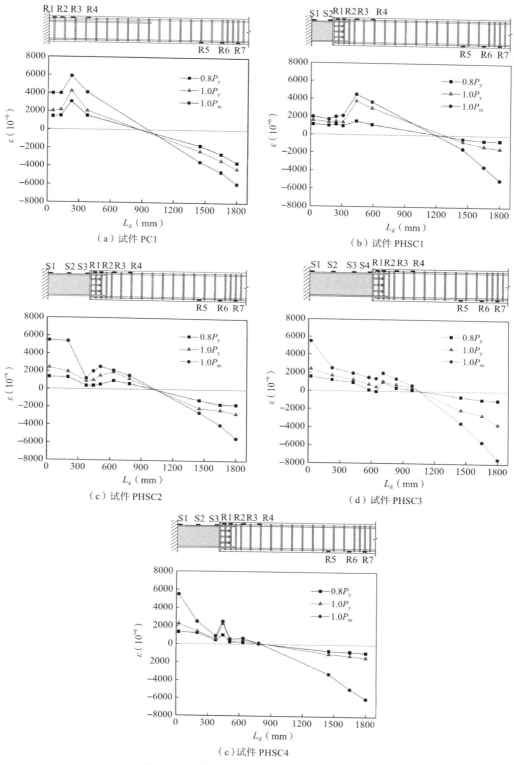

（a）试件 PC1

（b）试件 PHSC1

（c）试件 PHSC2

（d）试件 PHSC3

（e）试件 PHSC4

图 2.2-11 各级荷载下沿梁长方向应变分布

地传递钢梁和混凝土梁间应力。此外，连接节点处纵筋应变值随端部钢梁长度的增加呈减小趋势。

7. 连接节点类型分析

作为预制混合梁的关键部位，钢梁与混凝土梁间连接节点应能可靠并有效地传递两者间应力，由于连接节点的转动变形会降低预制混合梁的整体性，因此，连接节点应满足刚性节点要求，以确保端部钢梁和中部混凝土梁形成整体受力构件。两端固定边界条件下预制混合梁的计算简图如图 2.2-12（a）所示。在跨中集中荷载作用下，连接节点假定为刚性节点和铰接节点时的弯矩图分别如图 2.2-12（b）和图 2.2-12（c）所示。对试件 PHSC1 ~ PHSC4，在两种连接节点类型假定下，可分别得到屈服荷载 P_y 作用下的弯矩图以及钢梁段内任意位置处弯矩。基于弹性理论，可由钢梁截面处弯矩计算出钢梁翼缘的应变值。

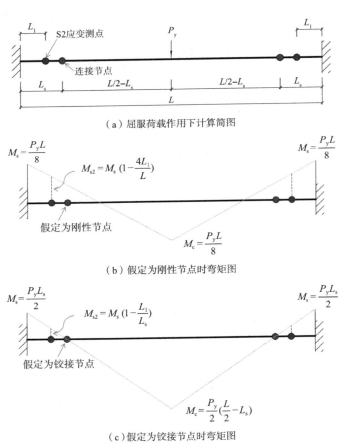

（a）屈服荷载作用下计算简图

（b）假定为刚性节点时弯矩图

（c）假定为铰接节点时弯矩图

图 2.2-12　不同连接节点类型下梁弯矩图

为分析所提出的连接节点类型，对屈服荷载作用下试件 PHSC1 ~ PHSC4 钢梁上翼缘 S2 测点 [图 2.2-11（b）~图 2.2-11（e）] 处的应变实测值和计算值进行比较，计算结果见表 2.2-4。由表可知，当连接节点假定为刚性节点时，各试件 S2 测点处的应变计算值与试验值接近；当连接节点假定为铰接节点时，各试件的应变计算值与试验值相差较大，尤其是试件 PHSC1，其计算值与实测值的比值仅为 0.04。因此，所提出的连接节点可视为刚性节点，连接节点能有效地传递两者之间的应力。

各试件 S2 测点处应变实测值与计算值比较　　　　表 2.2-4

试件编号	ε_{se}（10^{-6}）	ε_{sr}（10^{-6}）	ε_{sh}（10^{-6}）	$\varepsilon_{sr}/\varepsilon_{se}$	$\varepsilon_{sh}/\varepsilon_{se}$
PHSC1	1462	1512	52	1.03	0.04
PHSC2	1822	1520	432	0.83	0.24
PHSC3	1668	1466	788	0.88	0.47
PHSC4	1544	1530	437	0.99	0.28

注：ε_{se} 为试验中 S2 测点处应变实测值；ε_{sr} 和 ε_{sh} 分别为连接节点假定为刚性和铰接时采用弹性理论计算的 S2 测点处应变值。

2.2.4　数值模拟分析

为进一步分析两端固定边界条件下预制混合梁的受弯性能，利用通用有限元软件 ABAQUS 对其进行精细化数值模拟分析。

1. 材料本构模型

钢材和钢筋本构模型基于金属塑性理论等向弹塑性模型确定，其应力 – 应变关系采用双折线模型，包括弹性段和强化段，强化段弹性模量取 $0.01E_s$，E_s 为弹性模量。钢材和钢筋的弹性模量和泊松比按文献 [6] 确定。

混凝土采用塑性损伤模型进行模拟，基本材料指标以实测值为准。混凝土的本构模型采用文献 [6] 中建议的单轴受压及受拉应力 – 应变关系曲线。基于所采用的混凝土单轴受压及受拉应力 – 应变关系曲线，采用归一化方法 [7] 计算混凝土受压和受拉塑性损伤因子。混凝土塑性损伤模型中相关参数取值：混凝土泊松比取 0.2，膨胀角取 35°，偏心率取 0.1，双轴抗压强度与单轴抗压强度的比值为 1.16，拉伸与压缩子午面上第二应力不变量的比值为 0.667，黏性系数取值为 0.0005。

2. 模型建立

两端固定边界条件下预制混合梁的有限元分析模型如图 2.2-13 所示。钢梁翼缘、腹板以及连接板采用四节点减缩积分格式的壳单元（S4R）模拟，端板、栓钉和混凝土采用八节点减缩积分格式的三维实体单元（C3D8R）模拟，纵筋和箍筋采用两节点线性桁架单元（T3D2）模拟。利用扫掠网格划分技术对模型进行单元划分，经网格划分测试，确定有限元模型单元尺寸为 20mm。

端板、栓钉和混凝土的界面由法线方向的接触和切线方向的粘结滑移模拟。法线方向的接触采用"硬接触"，切线方向采用罚函数法描述界面的滑移和摩擦等切向作用，界面摩擦作用系数取 0.6。试验中，混凝土梁纵筋与连接板连接可靠，未发生破坏，连接板与混凝土之间也未出现粘结滑移现象。因此，连接板和混凝土之间采用嵌入式，使连接板与混凝土协同工作；钢筋骨架采用内置（Embed）方式嵌入到混凝土梁中，不考虑两者之间的粘结滑移关系。加载和边界条件与试验一致，梁两端采用固定约束，在梁跨中施加竖向荷载。

分析采用 ABAQUS/Explicit 动态显示分析算法。为减小惯性力的振荡影响，分析中的加载速率通过与试验结果分析对比确定。

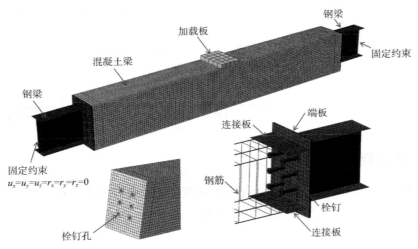

图 2.2-13　有限元模型

3. 有限元分析与试验结果比较

（1）破坏形态

图 2.2-14 为试验和有限元模拟的最终破坏形态对比图。试验结果表明，在跨中竖向集中荷载作用下，两端采用固定支座的预制混合梁破坏形态有两种：第一种是梁两端连接节点相邻区域和梁跨中区域形成塑性铰的破坏形态，如图 2.2-14（a）所示；第二种是梁两端钢梁区域和梁跨中区域形成塑性铰的破坏形态，如图 2.2-14（b）~图 2.2-14（d）所示。由图 2.2-14（a）可知，对端部钢梁长度为 200mm 的试件 PHSC1，其裂缝主要出现在梁跨中区域。由于端部钢梁较短，连接节点区域负弯矩较大，试件破坏时在连接节点相邻区域出现多条主裂缝，形成塑性铰，内力重分布使得端部钢梁未出现任何破坏现象。由图 2.2-14（b）~图 2.2-14（d）可知，试件 PHSC2 ~ PHSC4 的裂缝主要出现在梁跨中区域，连接节点区域裂缝数量少，且裂缝宽度较小。破坏时，梁端部钢梁下翼缘出现屈曲，形成塑性铰。综上所述，有限元模拟的破坏形态与试验结果吻合较好。

（2）荷载 – 跨中挠度曲线

有限元模拟得到的荷载 – 跨中挠度曲线与试验结果对比如图 2.2-15 所示。由图可知，有限元计算曲线与试验曲线整体吻合较好。由于有限元模型中固定支座为理

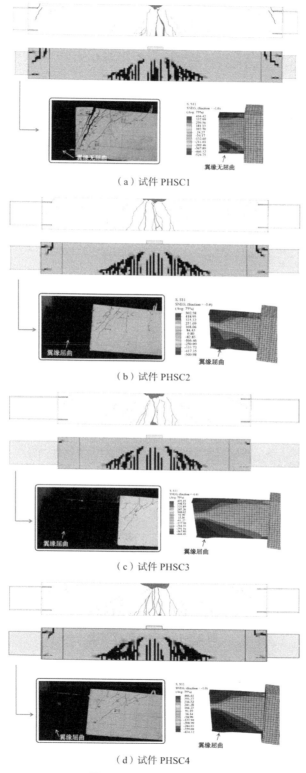

（a）试件 PHSC1

（b）试件 PHSC2

（c）试件 PHSC3

（d）试件 PHSC4

图 2.2-14　破坏形态对比

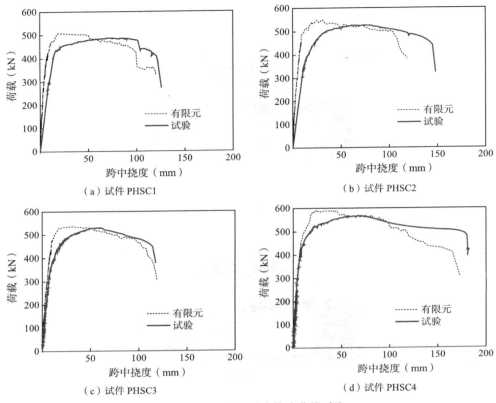

图 2.2-15　荷载－跨中挠度曲线对比

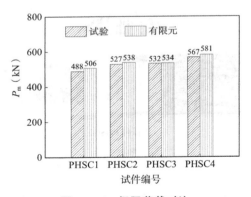

图 2.2-16　极限荷载对比

想的固定边界条件，其分析得到的曲线初始斜率略大于试验结果。图 2.2-16 给出了有限元模拟和试验得到的极限荷载对比图，由图可知，极限荷载最小差值为 2.0kN，最大差值为 18.7kN，极限荷载最大相差 3.8%。表明有限元模拟结果与试验的极限荷载吻合较好，所建立的有限元模型可对预制混合梁受弯性能进行较为准确的模拟分析。

4. 参数分析

重点研究钢梁长度 L_s 以及钢梁与混凝土梁设计受弯承载力比 M_{us}/M_{uc} 对预制混合梁初始刚度、极限荷载以及钢梁所受最大弯矩的影响。参数分析时，以试件 PHSC2 为基准模型，其余模型一次只改变一个参数，其他参数不变。

（1）钢梁长度的影响

图 2.2-17 中对比了钢梁长度对初始刚度、极限荷载以及钢梁所受最大弯矩的影响，选取钢梁长度分别为 100mm、200mm、400mm、500mm、600mm 和 800mm，其余参数不变。由图 2.2-17 可知，钢梁长度的变化对预制混合梁的初始刚度影响显著，随着钢梁长度的增加，初始刚度呈线性降低。当钢梁长度由 100mm 分别增加至 200mm 和 400mm 时，极限荷载分别增加 11.4% 和 18.4%；随着钢梁长度的继续增加，极限荷载缓慢降低，与钢梁长度为 400mm 时的极限荷载相比，钢梁长度为 500mm、600mm 和 800mm 时的极限荷载分别降低了 0.1%、0.7% 和 4.8%。此外，当钢梁长度小于 400mm 时，钢梁所承受的最大弯矩随钢梁长度的增加而增大，钢梁长度超过 400mm 后，其承受的最大弯矩基本保持不变，其原因是钢梁长度超过 400mm 后，破坏时钢梁出现屈曲破坏，塑性变形充分发展，钢梁达到最大塑性弯矩。

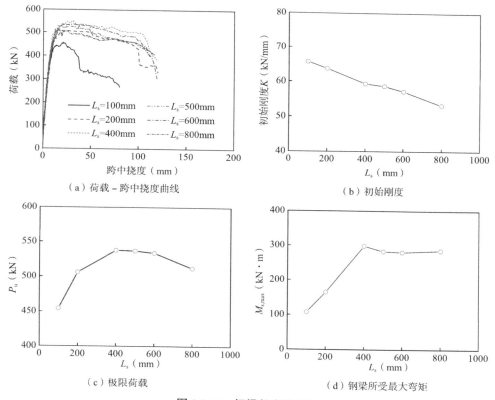

（a）荷载 – 跨中挠度曲线 （b）初始刚度

（c）极限荷载 （d）钢梁所受最大弯矩

图 2.2-17 钢梁长度的影响

（2）钢梁与混凝土梁设计受弯承载力比的影响

图 2.2-18 为钢梁与混凝土梁设计受弯承载力比 M_{us}/M_{uc} 对预制混合梁初始刚度、极限荷载以及钢梁所受最大弯矩的影响。通过调整钢梁腹板和翼缘厚度来改变 M_{us}/M_{uc} 值，其余参数不变，选取的 M_{us}/M_{uc} 值分别为 0.73、0.97、1.20、1.54、1.65、1.87 和 2.08。由图 2.2-18 可知，初始刚度随 M_{us}/M_{uc} 值的增加而逐渐增大，当 M_{us}/M_{uc} 值超过 1.5 后，其增大趋势变缓。随着 M_{us}/M_{uc} 值的增加，极限荷载以及钢梁所受最大弯矩均逐渐增大，当 M_{us}/M_{uc} 值超过 1.5 后，其增长速率明显减缓。图 2.2-19 和图 2.2-20 分别给出了极限荷载下混凝土梁裂缝图以及钢梁和钢筋应力云图。由图可知，随着 M_{us}/M_{uc} 值的增加，钢梁应力降低，损伤程度减轻，而混凝土梁端部纵筋应力增加，梁端裂缝增多，损伤程度加重，可见对于由不同材料组成的预制混合梁，较大的 M_{us}/M_{uc} 值将导致端部的钢梁强度利用率降低。为使钢梁强度得到充分利用，M_{us}/M_{uc} 值不宜超过 1.5。

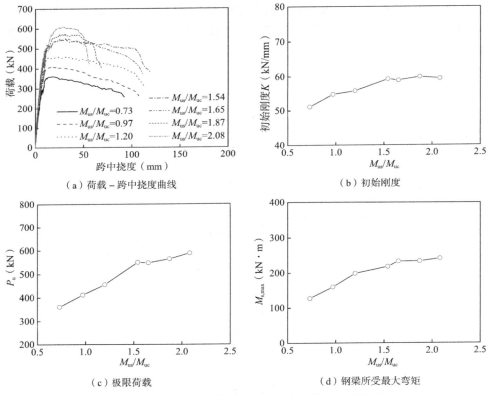

（a）荷载–跨中挠度曲线　　　　（b）初始刚度

（c）极限荷载　　　　（d）钢梁所受最大弯矩

图 2.2-18　钢梁与混凝土梁设计受弯承载力比的影响

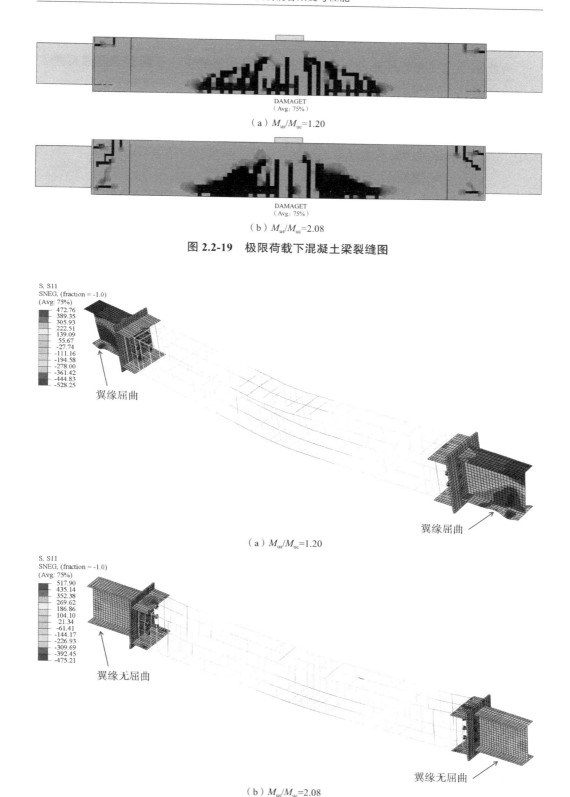

（a）$M_{us}/M_{uc}=1.20$

（b）$M_{us}/M_{uc}=2.08$

图 2.2-19 极限荷载下混凝土梁裂缝图

（a）$M_{us}/M_{uc}=1.20$

（b）$M_{us}/M_{uc}=2.08$

图 2.2-20 极限荷载下钢梁和钢筋应力云图

5. 钢梁效率系数

为使钢梁强度在得到充分利用的同时其钢材用量最少，采用钢梁效率系数 F_e 来评价钢梁强度的利用效率：

$$F_e = \frac{M_{s,max}}{V_s f_y} \tag{2.2-1}$$

式中：$M_{s,max}$——钢梁所受最大弯矩；

　　　V_s——钢梁体积。

图 2.2-21 给出了 F_e-L_s 关系曲线以及 F_e-M_{us}/M_{uc} 关系曲线。由图 2.2-21（a）可知，F_e 值随钢梁长度的增加逐渐降低，钢梁长度在 200 ~ 400mm 之间时，其 F_e 值下降较为缓慢。考虑成本和施工等方面因素，建议钢梁长度在 200 ~ 400mm 范围内选取。由图 2.2-21（b）可知，当 M_{us}/M_{uc} 值不超过 1.2 时，F_e 值随 M_{us}/M_{uc} 值的增加而增大，但随着 M_{us}/M_{uc} 值的继续增加，F_e 值逐渐降低，F_e 值在 M_{us}/M_{uc} 值为 1.2 时达到峰值。因此，建议钢梁与混凝土梁设计受弯承载力比在 1.0 ~ 1.2 范围内取值。

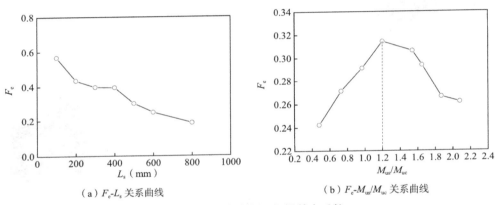

（a）F_e-L_s 关系曲线　　　　（b）F_e-M_{us}/M_{uc} 关系曲线

图 2.2-21　不同参数下钢梁效率系数

2.2.5　预制混合梁极限荷载计算

1. 预制混合梁破坏机制

对两端固定边界条件下的单跨梁，当梁中形成 3 个塑性铰时，结构处于极限状态，此时承担的外荷载即为极限荷载。通过确定塑性铰出现的位置及最终破坏机制，利用虚功原理可得到构件的极限荷载。

试验结果表明，预制混合梁的破坏机制有两种，第一种破坏机制为连接节点相邻截面和跨中截面形成塑性铰，见图 2.2-22（a）；第二种破坏机制为梁端钢梁截面和跨中截面形成塑性铰，见图 2.2-22（b）。在荷载作用下，构件出现塑性铰的位置与该处弯矩 M 和截面极限受弯承载力 M_u 的比值相关，通常塑性铰首先出现在 M/M_u 绝对值较大的截面[8]。屈服荷载时，试件 PHSC1 ~ PHSC4 梁端截面、连接节点相邻截面以及跨中截面的 M/M_u 值列于表 2.2-5。由表可知，对预制混合梁试件，

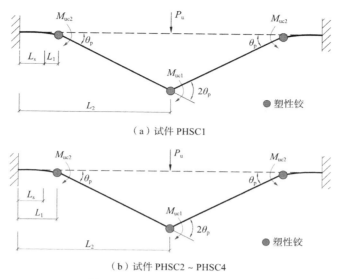

（a）试件 PHSC1

（b）试件 PHSC2 ~ PHSC4

图 2.2-22　预制混合梁破坏机制

通过 M/M_u 值确定的塑性铰位置与试验结果一致。

屈服荷载时各试件 M/M_u 值　　　　　　　　　　　　表 2.2-5

试件编号	M/M_u		
	梁端截面	连接节点相邻截面	跨中截面
PHSC1	0.63	0.73[ph]	1.19[ph]
PHSC2	0.65[ph]	0.48	1.23[ph]
PHSC3	0.64[ph]	0.20	1.20[ph]
PHSC4	0.66[ph]	0.36	0.93[ph]

注：表中数值为绝对值；上标 ph 表示根据 M/M_u 值确定的塑性铰位置。

2. 基于虚功原理的极限荷载计算

根据各试件塑性铰出现位置和最终破坏机制，其极限荷载可基于虚功原理得到。图 2.2-22 为各试件最终破坏机制和塑性铰形成后机构发生虚位移的情况。对试件 PHSC1，见图 2.2-22（a），外力所做虚功为：

$$W_e = P_{u1}\theta_p (L_2 - L_1) \qquad (2.2-2)$$

式中：P_{u1}——极限荷载；

　　　θ_p——塑性铰转角；

　　L_1、L_2——塑性铰至支座的距离。

体系所接受的变形虚功为：

$$W_i = 2\theta_p (M_{uc1} + M_{uc2}) \qquad (2.2-3)$$

式中：M_{uc1}——跨中混凝土梁截面的极限受弯承载力；

M_{uc2}——连接节点相邻混凝土梁截面的极限受弯承载力。

根据虚功原理，$W_e=W_i$，可得：

$$P_{u1}=\frac{2\left(M_{uc1}+M_{uc2}\right)}{L_2-L_1}\qquad(2.2\text{-}4)$$

对试件 PHSC2 ~ PHSC4，见图 2.2-22（b），外力所做虚功为：

$$W_e=P_{u1}\theta_p\left(L_2-L_1\right)\qquad(2.2\text{-}5)$$

体系所接受的变形虚功为：

$$W_i=2\theta_p\left(M_{us}+M_{uc1}\right)\qquad(2.2\text{-}6)$$

式中：M_{us}——梁端钢梁截面的极限受弯承载力。

根据虚功原理，$W_e=W_i$，可得：

$$P_{u1}=\frac{2\left(M_{us}+M_{uc1}\right)}{L_2-L_1}\qquad(2.2\text{-}7)$$

根据式（2.2-4）和式（2.2-7）对各试件极限荷载进行计算，计算值与试验值的对比见表 2.2-6。由表可知，对试件 PHSC1 ~ PHSC4，基于虚功原理的极限荷载计算值与试验值吻合较好，计算值与试验值比值的平均值为 1.00，变异系数为 0.04。因此，可利用虚功原理来预测两端固定边界条件下预制混合梁的极限荷载。

极限荷载试验值与计算值比较　　　　表 2.2-6

试件编号	$P_{u,exp}$（kN）	$P_{u,cal}$（kN）	$P_{u,cal}/P_{u,exp}$
PHSC1	487.5	458.2	0.94
PHSC2	526.8	524.4	1.00
PHSC3	532.1	539.4	1.01
PHSC4	567.2	585.1	1.03
平均值			1.00
变异系数			0.04

注：$P_{u,exp}$ 为极限荷载试验值，其值取试验得到的峰值荷载；$P_{u,cal}$ 为基于虚功原理的极限荷载计算值。

2.2.6　小结

（1）普通预制混凝土梁为梁端和跨中截面出现塑性铰的破坏机制；预制混合梁破坏机制有两种：一是梁端连接节点相邻混凝土梁截面和跨中混凝土梁截面形成塑性铰的破坏机制，端部钢梁无局部屈曲现象，保持完好；二是梁端钢梁截面和跨中混凝土梁截面形成塑性铰的破坏机制，端部钢梁出现屈曲破坏。

（2）钢梁长度、钢梁与混凝土梁受弯承载力比以及线刚度比的增加均可提高承载力和延性，其中增加受弯承载力比的提高效果更显著；预制混合梁的强屈比较普通预制混凝土梁提高约 4% ~ 15%，其屈服后弹塑性变形能力较好。

（3）在受力过程中，钢 - 混凝土连接节点始终保持较好的整体性，未出现严重破坏；基于连接节点假定为刚性节点的应变分析结果与试验结果吻合较好，连接节点可视为刚性节点，预制混合梁中不同部分之间的应力可通过连接节点可靠传递。

（4）预制混合梁初始刚度比普通预制混凝土梁小，预制混合梁的初始刚度随钢梁长度 L_s 的增加呈线性降低；在同级荷载下，预制混合梁跨中挠度大于普通预制混凝土梁；峰值荷载时，试件 PHSC1 ~ PHSC4 的跨中挠度分别为梁净跨 L_n 的 1/52、1/56、1/60 和 1/52，预制混合梁极限变形能力较好。

（5）端部钢梁较强的变形能力导致预制混合梁裂缝集中在跨中受拉区，而梁端裂缝较少，其挠度曲线在 0.7 倍峰值荷载后与普通预制混凝土梁相差较大；预制混合梁跨中受拉区裂缝宽度和开展范围均大于普通预制混凝土梁。

（6）随着钢梁长度的增加，极限荷载先增后减，当 L_s 不大于 400mm 时，极限荷载不断增大，当 L_s 大于 400mm 时，极限荷载开始缓慢降低，但降低的幅度较小。此外，当钢梁长度超过 400mm 后，钢梁塑性变形发展较为充分，钢梁所受最大弯矩基本保持不变。

（7）随着钢梁与混凝土梁设计受弯承载力比 M_{us}/M_{uc} 的增加，初始刚度、极限荷载以及钢梁所受最大弯矩均呈增长趋势，但 M_{us}/M_{uc} 值超过 1.5 后，其增长趋势变缓。较大的 M_{us}/M_{uc} 值不利于钢梁强度的充分利用，钢梁利用率较低。

（8）为使端部钢梁强度在得到充分利用的同时钢材用量相对较少，建议钢梁长度取值范围为 200 ~ 400mm，钢梁与混凝土梁设计受弯承载力比取值范围可取 1.0 ~ 1.2。

2.3 预制混合梁抗震性能

本节通过试验研究预制混合梁及其连接节点在地震作用下的受力机理和抗震性能，并与普通预制混凝土梁的抗震性能进行比较分析，得到相关结论为预制混合梁的工程应用提供依据。

2.3.1 试验概况

1. 试件设计

试验中设计并制作了 5 个预制梁试件，包括 1 个普通预制混凝土梁试件 MS1 和 4 个预制混合梁试件 PHS2 ~ PHS5。试件几何尺寸和截面配筋构造如图 2.3-1 所示。各试件总长均为 2200mm，预制混合梁试件与普通预制混凝土梁试件具有相同的混凝土梁截面尺寸，宽度 300mm，高度 400mm。预制混合梁试件的钢梁截面尺寸和连接节点构造均相同，端板和连接板厚 10mm，连接板长 130mm，在端板与混凝土交界面设置 4 个直径为 16mm 抗剪栓钉，长度为 90mm，间距 100mm；其中试件 PHS4 的钢梁采用翼缘削弱构造。各试件梁端箍筋加密区长度均为 800mm，对预制混合梁试件，其中混凝土梁段的箍筋加密区长度为梁端箍筋加密区长度减去钢梁长度，故混凝土梁段的箍筋加密区长度随钢梁长度的变化而不同。各试件箍筋直径均为 8mm，加密区间距 90mm，非加密区间距 150mm，其中 PHS2 ~ PHS5 试件连接节点处箍筋间距为 50mm。预制混合梁试件的纵筋与连接板采用双面焊缝连接，焊缝长度 100mm。为与普通预制混凝土梁试件进行比较，PHS2 ~ PHS5 试件梁端钢梁具有与 MS1 试件相同的设计受弯承载力。

　　试件变化参数为梁端钢梁长度 L_s、混凝土梁与钢梁设计受弯承载力比 M_{uc}/M_{us} 以及混凝土梁与钢梁刚度比 $(E_cI_c)/(E_sI_s)$，具体试件参数见表 2.3-1。

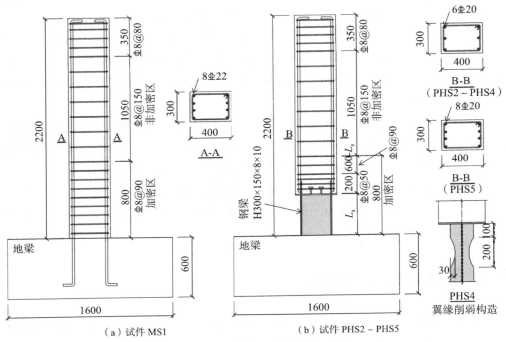

图 2.3-1　试件几何尺寸及构造

试件参数			表 2.3-1
试件编号	L_s（mm）	M_{uc}/M_{us}	$(E_cI_c)/(E_sI_s)$
MS1	—	—	—
PHS2	400	0.65	3.23
PHS3	600	0.65	3.23
PHS4	400	0.95	4.76
PHS5	400	0.85	3.23

2. 材料力学性能

试件混凝土强度设计等级均为 C40，所有试件为同一批浇筑，浇筑时制作 6 个边长为 150mm 的标准混凝土立方体试块，与试件同条件自然养护 28d，试验当天对 6 个标准混凝土立方体试块进行抗压强度测试，测得混凝土立方体抗压强度平均值为 38.8MPa。试件的纵筋和箍筋采用 HRB400 级钢筋，钢梁、端板及连接板所用钢材为 Q355 级，由标准拉伸试验测得的钢筋和钢材相关力学性能指标见表 2.3-2。

<table>
<tr><td colspan="5" style="text-align:left">钢材和钢筋力学性能</td><td style="text-align:right">表 2.3-2</td></tr>
</table>

类型	t，d（mm）	f_y（MPa）	f_u（MPa）	δ（%）
钢材	8	354	486	26
	10	363	520	24
钢筋	8	373	588	17
	20	408	527	31
	22	417	543	27

3. 试验装置及加载制度

试验加载装置及加载现场如图 2.3-2 所示，试件采用倒 T 形，地梁通过压梁和地脚螺栓与刚性地面固定。试验过程中，水平方向通过 200t 作动器逐级施加低周反复荷载。水平加载采用荷载和位移混合控制，试验加载制度如图 2.3-3 所示。试件屈服前采用荷载控制并分级加载，每级荷载循环 1 次，屈服后采用位移控制模式，每级反复循环 3 次。当荷载下降至极限荷载的 85% 以下时认为试件破坏，试验结束。

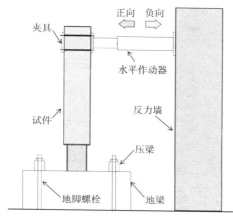

图 2.3-2　试验加载装置及加载现场

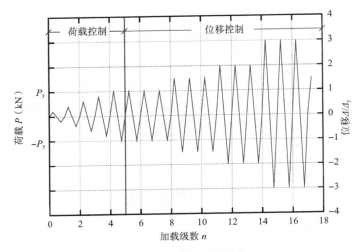

图 2.3-3 试验加载制度

4. 测点布置及量测内容

试件的位移计及应变片布置如图 2.3-4 所示，荷载 – 位移滞回关系曲线由梁顶加载点处荷载传感器和位移传感器测量。沿梁长方向在梁侧布置 7 个位移计（D1 ~ D7）用以测量梁的变形曲线；在梁端以及连接节点范围布置 4 个位移计（D8 ~ D11）测量塑性铰和连接节点范围弯曲变形的曲率；在地梁顶面和侧面共布置 3 个位移计（D12 ~ D14），用以测量地梁的整体转动和水平位移。在钢梁上下翼缘和腹板布置应变片，用以测量钢梁的应变；在连接节点的端板、栓钉以及与纵筋应变片对应的连接板位置布置应变片，用以测量端板、栓钉和连接板的应变，并验

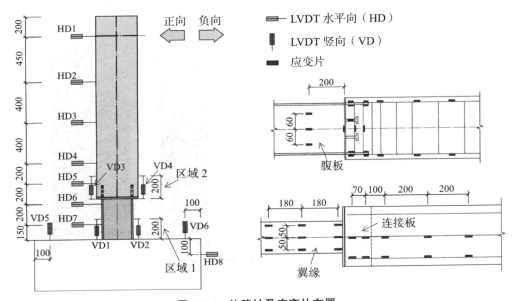

图 2.3-4 位移计及应变片布置

证焊缝连接方式在传力中是否可靠；在连接节点区域的纵筋和箍筋以及混凝土梁内纵筋布置应变片测量钢筋应变。

2.3.2　试验现象及破坏形式

为在试验加载过程中确定混凝土裂缝的开展位置和宽度，试验前对混凝土部分进行刷白处理，并绘制 50mm×50mm 网格。以下对各试件的试验过程和破坏特征进行描述。

试件 MS1 为普通预制混凝土梁试件。荷载达到 ±39kN 时，在距梁根部 290mm 处出现第一条水平裂缝。当荷载达到 ±99kN 左右时，受拉侧纵筋应变超过屈服应变，纵筋屈服。当位移加载至 82mm 左右时，试件达到极限荷载，距梁根部 280mm 范围内出现弯剪裂缝，保护层脱落，箍筋外露，受压侧混凝土外鼓明显。当位移加载至 100mm 左右时，荷载下降至极限荷载的 85% 以下，试件破坏，梁端塑性铰长度约 400mm，具体破坏形态如图 2.3-5（a）所示。试件 PHS2 ~ PHS5 试验过程及破坏现象基本相似，大致可分为 4 个阶段：

（1）开裂阶段：随着梁端荷载的增加，试件在距端板约 160mm 处出现第一条水平弯曲裂缝。试件 PHS5 开裂荷载大于试件 PHS2 ~ PHS4，表明混凝土梁纵筋的增加提高了试件的抗裂能力。

（2）屈服阶段：随着梁端荷载的继续增加，沿梁长度方向不断出现新的水平弯曲裂缝，在连接节点外侧约 0.5 倍梁高范围内出现弯剪裂缝，由于试件 PHS3 连接节点外侧位于箍筋非加密区，箍筋间距变大，其弯剪裂缝的发展范围约 1.0 倍梁高，梁两侧裂缝分布基本对称。随后，连接节点区域外侧混凝土梁内纵筋率先屈服，而此时钢梁翼缘和连接板应变均未达到屈服应变。

（3）极限阶段：连接节点区域外侧混凝土梁内纵筋屈服之后，梁端荷载继续增加，直至达到峰值荷载。在该加载过程中，连接节点区域外侧范围的弯剪裂缝继续发展，并不断有新的弯剪裂缝形成，部分斜裂缝延伸至连接节点区域，而其他部位的裂缝基本不再开展；达到峰值荷载时，弯剪裂缝范围内斜裂缝交叉处混凝土保护层轻微脱落，梁受压侧混凝土有轻微外鼓现象。连接节点区域外侧混凝土梁内纵筋应变不断增大，而钢梁翼缘应变增加缓慢，表明试件在连接节点区域外侧的混凝土梁内产生较明显的塑性变形。

（4）破坏阶段：梁端荷载达到峰值之后，试件的塑性变形明显集中在连接节点区域外侧的混凝土梁内。随着梁端位移的增加，该部位混凝土向外鼓凸，保护层开始碎裂和脱落，箍筋受混凝土挤压外胀，纵筋压屈，形成了明显的塑性铰。试件 PHS2 ~ PHS5 塑性铰长度分别为 200mm、430mm、320mm 和 330mm。在该阶段，由于混凝土梁内塑性铰的变形耗能，端部钢梁的应变不再增加，且在加载后期应变开始下降，至试件破坏时，钢梁保持完好。

试件 PHS2 ~ PHS5 最终破坏形态如图 2.3-5（b）~图 2.3-5（e）所示，图 2.3-5

（f）为试验后连接节点凿开后的内部情况。由图可知，所有试件均发生了弯曲破坏。与普通预制混凝土梁在梁端形成塑性铰不同，预制混合梁均在连接节点区域外侧的混凝土梁内形成塑性铰；连接节点部位的纵筋与连接板焊缝以及箍筋间焊缝完好，栓钉完好且无明显变形。试验现象表明，试件内力传递路径清晰，受力明确。随着梁弯剪裂缝的开展，试件在连接节点区域外侧形成塑性铰而破坏，塑性铰发展充分；在加载过程中，连接节点始终保持较好的整体性，能有效传递两者间应力，抗震性能良好。

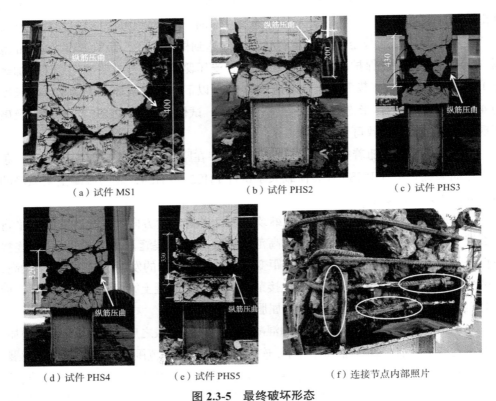

（a）试件 MS1　　　　　（b）试件 PHS2　　　　　（c）试件 PHS3

（d）试件 PHS4　　　　　（e）试件 PHS5　　　　　（f）连接节点内部照片

图 2.3-5　最终破坏形态

2.3.3　试验结果与分析

1. 滞回性能

图 2.3-6 为各试件的荷载 – 位移（P-Δ）滞回曲线，其中推力为正向加载，拉力为反向加载，通过分析可知：

（1）各试件的滞回曲线较为饱满，存在一定的捏缩现象，呈现为典型的弓形，耗能能力较好。试件屈服前，滞回曲线狭窄细长，残余变形小，耗能较少；试件屈服后，随着混凝土梁中弯曲裂缝的开展以及斜裂缝的出现，滞回环出现捏缩，曲线所包围的面积逐渐增大，耗能逐渐增加；峰值荷载后，混凝土梁中塑性铰逐渐形成，裂缝的张开、闭合以及纵筋的压屈导致滞回曲线出现明显的捏缩现象，滞回环形状

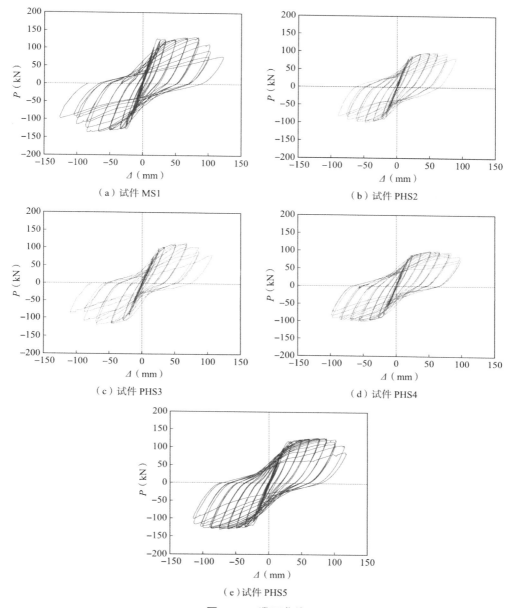

（a）试件 MS1

（b）试件 PHS2

（c）试件 PHS3

（d）试件 PHS4

（e）试件 PHS5

图 2.3-6 滞回曲线

由梭形转变为弓形，刚度退化明显。

（2）与其他试件相比，试件 PHS3 滞回曲线的捏缩现象更为严重。主要原因是试件 PHS3 钢梁长度的增加使得连接节点外侧混凝土梁位于箍筋加密区外，箍筋间距变大，从而造成塑性铰区斜裂缝增多，剪切变形加大，捏缩现象更明显。因此，对预制混合梁，其箍筋加密区长度不应从柱边算起，而宜从端板开始算起，箍筋加密区长度不应小于混凝土梁截面高度的 1.5 倍。

（3）对比试件 PHS2 与试件 PHS4 可知，二者的滞回曲线几乎相同。可见，对在混凝土梁内形成塑性铰的预制混合梁，端部钢梁翼缘削弱对其滞回性能影响不明显。

（4）与试件 PHS2 相比，试件 PHS5 的滞回曲线更加饱满，其极限变形、承载能力和耗能性能均优于试件 PHS2，说明增加混凝土梁抗弯承载力可提高预制混合梁的耗能能力。

2. 骨架曲线

各试件骨架曲线如图 2.3-7 所示。主要阶段试验结果（均为正负向均值）见表 2.3-3，其中开裂荷载为出现第一条裂缝时的荷载值，极限位移取荷载下降至峰值荷载 85% 时的位移，试件的屈服荷载和屈服位移采用 Park 法[5]确定。

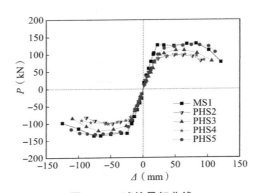

图 2.3-7　试件骨架曲线

各试件主要阶段试验结果　　　　　　　表 2.3-3

试件编号	P_{cr}（kN）	Δ_{cr}（mm）	P_y（kN）	Δ_y（mm）	P_m（kN）	P_m/P_y	Δ_u（mm）	μ	E_p（kN·m）
MS1	38.5	4.71	127.6	23.73	133.4	1.05	100.20	4.22	174.9
PHS2	24.0	3.78	87.7	20.75	99.2	1.13	74.69	3.60	96.2
PHS3	24.5	5.08	102.9	26.16	116.3	1.13	92.55	3.54	89.8
PHS4	24.5	4.47	88.1	23.55	100.4	1.14	93.90	3.99	109.9
PHS5	29.5	6.65	112.4	27.83	129.2	1.15	110.70	3.98	218.4

注：E_p 为累积耗能。

由图 2.3-7 和表 2.3-3 可知：①整个受力阶段，各试件骨架曲线相似，变形能力较好；由于试件 PHS2 ~ PHS5 端部为钢梁，其刚度均比试件 MS1 小。②与试件 PHS2 相比，试件 PHS3 的屈服荷载和峰值荷载分别提高 17.3% 和 17.2%。表明端部钢梁长度增加有利于其强度的利用，可提高预制混合梁的承载力。③与试件 MS1 和试件 PHS2 相比，试件 PHS5 的峰值荷载比试件 MS1 低 3.1%，比试件 PHS2 提高 30.2%，其极限位移较试件 MS1 和试件 PHS2 分别提高 10.5% 和 48.2%。表明混凝土梁抗弯承载力的增加能够明显提高预制混合梁的承载力和屈服后的变形能力。④与试件 MS1 相比，试件 PHS2 ~ PHS5 的强屈比提高了约 9.5%，表明预制混合梁屈服后的弹塑性变形能力要优于普通预制混凝土梁，更有利于耗能。

3. 延性性能

延性是反映结构或构件塑性变形能力的重要指标，通常采用位移延性系数来评价构件的延性。位移延性系数 μ 为试件的极限位移 Δ_u 与试件的屈服位移 Δ_y 的比值，即 $\mu = \Delta_u / \Delta_y$。各试件的位移延性系数见表 2.3-3。由表中数据可知，试件 PHS2 ~ PHS5 的位移延性系数均大于 3，平均值达到 3.8，满足钢筋混凝土抗震结构对位移延性系数的要求限值（$\mu \geqslant 3$），表明预制混合梁构件具有较好的延性性能。试件 PHS3 的位移延性系数偏低，主要与其混凝土梁塑性铰范围箍筋间距变大有关。与试件 PHS2 相比，试件 PHS4 和试件 PHS5 的位移延性系数提高约 11%，表明混凝土梁与钢梁抗弯承载力比的增加能够提高预制混合梁的延性性能，改善构件屈服后的变形能力。

4. 刚度退化

采用割线刚度来评估试件加载过程中的刚度退化，试件的刚度退化曲线如图 2.3-8 所示，其中割线刚度的表达式为：

$$K_i = \frac{|+P_i| + |-P_i|}{|+\Delta_i| + |-\Delta_i|} \qquad (2.3\text{-}1)$$

式中：K_i——第 i 级加载时试件的割线刚度；

$\quad\quad P_i$——第 i 级加载时最大荷载；

$\quad\quad \Delta_i$——第 i 级加载时最大荷载对应的位移。

各试件特征点处的割线刚度见表 2.3-4，表中 K_y 和 K_m 分别为试件的屈服刚度和峰值刚度。

割线刚度　　　　　　　　　　　　　　　　　表 2.3-4

试件编号	K_0（kN/mm）	K_y（kN/mm）	K_m（kN/mm）	K_y/K_0	K_m/K_0
MS1	12.66	5.43	1.69	0.43	0.13
PHS2	6.73	4.25	2.08	0.63	0.31
PHS3	5.89	3.89	1.76	0.66	0.30
PHS4	5.66	3.75	1.64	0.66	0.29
PHS5	6.40	4.14	1.74	0.65	0.27

由表 2.3-4 和图 2.3-8 可知：①试件 PHS2 ~ PHS5 的初始刚度分别为试件 MS1 初始刚度的 53%、47%、45% 和 51%，预制混合梁的刚度约为普通预制混凝土梁刚度的 1/2；②虽然试件 MS1 的初始刚度较大，但试件的早期刚度退化速度较快，大致呈线性下降，到试件屈服时，其刚度下降到初始刚度的 43%，之后刚度退化趋于

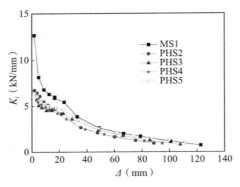

图 2.3-8　刚度退化曲线

平缓，且退化趋势与试件 PHS2 ~ PHS5 趋于一致；③屈服荷载时，试件 MS1 的刚度为初始刚度的 43%，试件 PHS2 ~ PHS5 的刚度约为初始刚度的 66%，峰值荷载时，试件 MS1 的刚度为初始刚度的 13%，试件 PHS2 ~ PHS5 的刚度约为初始刚度的 31%，表明试件 PHS2 ~ PHS5 的刚度退化速度比试件 MS1 更为均匀，且未出现明显的刚度突变，破坏后仍具有一定的刚度；④试件 PHS2 ~ PHS5 的刚度退化规律基本一致，表明钢梁长度、混凝土梁与钢梁的抗弯承载力比和刚度比对整体构件的刚度退化规律影响不显著。

5. 耗能能力

采用能量耗散系数 E 和累积耗能 E_p 来评估试件的耗能能力，其中累积耗能 E_p 为极限位移前各滞回环所围面积之和。各试件的累积耗能见表 2.3-3，各试件能量耗散系数 – 位移关系曲线以及各特征点能量耗散系数如图 2.3-9 所示。

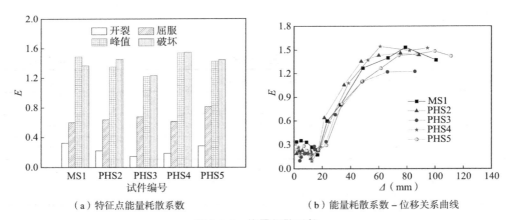

（a）特征点能量耗散系数　　　　（b）能量耗散系数 – 位移关系曲线

图 2.3-9　能量耗散系数

由图 2.3-9 和表 2.3-3 可知：①屈服前，各试件的能量耗散系数较小，基本维持不变。屈服后，各试件塑性铰区的弹塑性变形随位移增加而增大，能量耗散系数也随位移的增大呈现出快速增加的趋势。破坏时，试件 MS1 的能量耗散系数比峰值时下降 11%，而试件 PHS2～PHS5 的能量耗散系数略有增加。②试件 PHS2～PHS5 达到屈服时的能量耗散系数均比试件 MS1 大，而屈服后各试件的能量耗散系数相差不大，其主要原因是试件 PHS2～PHS5 在屈服时混凝土梁损伤较小，构件整体变形能力较强，屈服后，由于混凝土梁的损伤累积，塑性变形集中在混凝土梁内，构件整体变形能力降低，端部钢梁良好的变形耗能能力未能充分发挥。③与试件 PHS2 相比，试件 PHS4 和试件 PHS5 的累积耗能分别提高 14% 和 127%，表明端部钢梁翼缘削弱和增加混凝土梁受弯承载力均可提高预制混合梁的耗能能力，其中增加混凝土梁受弯承载力对耗能能力的提高最明显，试件 PHS5 的累积耗能是试件 MS1 的 1.25 倍。

6. 变形曲线

图 2.3-10 给出了正向加载下各试件在各级荷载作用下的变形曲线，其中纵坐标为梁固定端到悬臂端的长度，横坐标为梁的水平变形。由图可知：①屈服前，各试件变形曲线基本为直线，呈明显的弯曲变形，屈服后，随着位移的增加，裂缝不断开展，刚度下降，试件的变形增大较快；②试件 PHS2～PHS5 变形曲线在屈服前基本为直线，整体变形能力较强，屈服后，混凝土梁塑性铰区裂缝继续开展，损伤逐渐累积，导致塑性铰转动变形加大，变形曲线在塑性铰处出现明显的拐点，塑性铰以下连接节点和钢梁的变形较小，塑性铰以上混凝土梁的变形较大，表明整体变形能力降低；③试件 PHS2～PHS4 变形曲线在 $2\Delta_y$ 之后出现明显拐点，而试件 PHS5 变形曲线在 $4\Delta_y$ 之后才出现拐点，且变形曲线更加平滑，表明增加混凝土梁抗弯承载力可提高预制混合梁的整体变形能力，最大限度地发挥钢梁的变形能力。

7. 应变分析

图 2.3-11 为试件 PHS2～PHS5 端部钢梁翼缘应变和端板应变随荷载变化曲线。试验得到钢梁翼缘和端板屈服应变为 2040×10^{-6}。由图可知：①试件 PHS2～PHS5 端部钢梁翼缘应变的变化大致经历两个阶段，一是混凝土梁塑性铰形成前的应变增长阶段；二是混凝土梁塑性铰形成后的应变下降阶段。②对翼缘采用削弱构造的试件 PHS4，削弱部位的应变增长较快，最大应变 2845×10^{-6}，超过屈服应变，相比钢梁翼缘基本处于弹性阶段的试件 PHS2 和试件 PHS3，其钢梁变形能力得到一定程度的发挥。③与试件 PHS2～PHS4 相比，试件 PHS5 的翼缘应变滞回曲线最为饱满，钢梁进入屈服阶段，其应变在 $8\Delta_y$ 之后开始下降，表明混凝土梁抗弯承载力的增加可提高试件整体变形能力，充分发挥端部钢梁的承载能力和变形能力。④端板应变均未达到屈服应变，整个受力过程中处于弹性状态。

图 2.3-12 给出了试件 PHS2 连接板和钢筋应变随荷载变化曲线。由图可知，随着荷载的不断增大，连接节点范围内钢筋测点应变和对应位置的连接板测点应变随之加大，最大应变均超过其屈服应变；由于连接节点处钢筋和连接板埋置于混凝土内，与周边混凝土粘结、滑移等相互作用复杂，其变形规律较为复杂；连接节点范

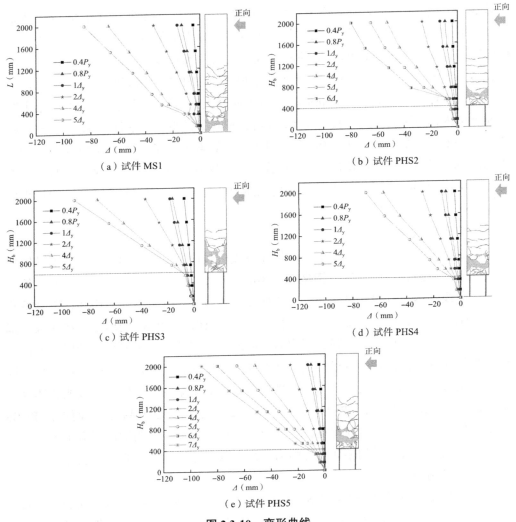

（a）试件 MS1　　　　　　　　　（b）试件 PHS2

（c）试件 PHS3　　　　　　　　　（d）试件 PHS4

（e）试件 PHS5

图 2.3-10　变形曲线

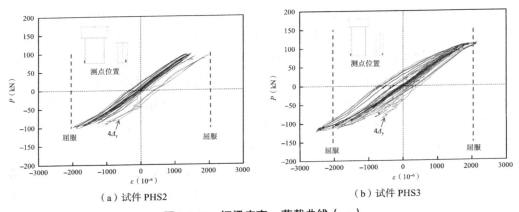

（a）试件 PHS2　　　　　　　　　（b）试件 PHS3

图 2.3-11　钢梁应变－荷载曲线（一）

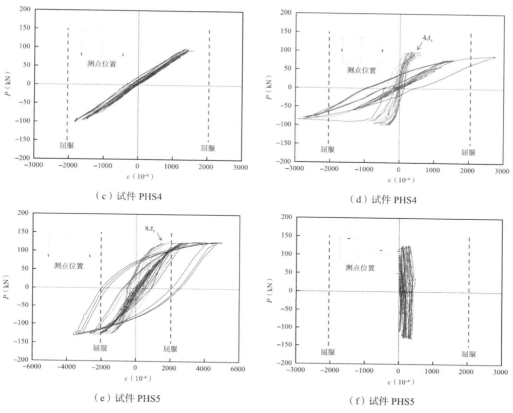

（c）试件 PHS4　　　　　　　　　　　（d）试件 PHS4

（e）试件 PHS5　　　　　　　　　　　（f）试件 PHS5

图 2.3-11　钢梁应变 - 荷载曲线（二）

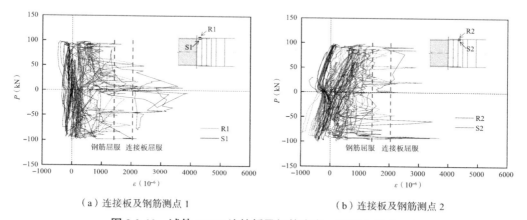

（a）连接板及钢筋测点 1　　　　　　　　（b）连接板及钢筋测点 2

图 2.3-12　试件 PHS2 连接板及钢筋应变 - 荷载曲线（一）

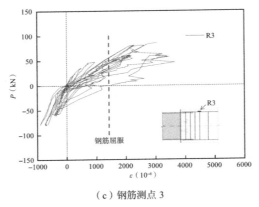

（c）钢筋测点 3

图 2.3-12　试件 PHS2 连接板及钢筋应变－荷载曲线（二）

围内测点 1 和测点 2 位置钢筋和连接板的应变曲线变化趋势和形状相似，表明连接节点处钢筋和连接板的应变变化较为一致，相互之间能可靠地传递应力；此外，加载过程中测点 3 钢筋应变达到屈服并充分进入弹塑性阶段，表明混凝土梁内钢筋应力可通过连接节点可靠地传至钢梁。

8. 预制混合梁塑性铰形成机制分析

根据水平荷载作用下预制混合梁的弯矩图，端部钢梁的弯矩需求通常高于中间混凝土梁的弯矩需求。因此，在设计钢截面和混凝土截面时，通常将钢截面的承载力设计为大于或等于混凝土截面的承载力。

对于预制混合梁，钢梁截面与混凝土梁截面的实际受弯承载力比（α_c）可表示为：

$$\alpha_c = \frac{M_s}{M_c} \tag{2.3-2}$$

式中：M_s——钢梁截面的受弯承载力；

M_c——混凝土梁截面的受弯承载力。

对于试件 PHS2 ~ PHS5，根据实测材料性能计算的比值 α_c 分别为 1.76、1.76、1.26 和 1.33。

图 2.3-13 绘制了所有预制混合梁的截面受弯承载力与力矩需求的关系，弯矩需求是通过假设塑性铰在钢梁的端部发展来确定的。

如图 2.3-13（a）、图 2.3-13（b）所示，试件 PHS2 和 PHC3 的混凝土截面受弯承载力低于混凝土梁端部的弯矩需求。PHS2 和 PHS3 的混凝土梁端受弯承载力与弯矩需求之比为 0.79 和 0.91。因此，实际塑性铰区域在混凝土梁的端部发展。对于试件 PHS4 和 PHS5，混凝土梁端的受弯承载力超过了弯矩需求。PHS4 和 PHS5 的混凝土梁端受弯承载力与弯矩需求之比分别为 1.03 和 1.09。然而，一方面，实际的塑性铰区域最终在混凝土梁的端部而不是预期的钢梁端部发展，其原因是钢与混凝土这两种材料的力学性能不同所致，与钢梁相比，混凝土梁裂缝的发展引发了刚度的下降和随后的强度快速下降,混凝土梁在循环荷载作用下的累积损伤更为严重。另一方面,基于应变发展的结果,混凝土梁的塑性发展导致钢梁的应力增长缓慢甚至减小,避免了钢梁的损坏。因此,基于试验结果,可以发现当 α_c 值大于 1.0 且端部钢梁长度与混合梁总长相比较小时,预制混合梁的塑性铰一般出现在混凝土梁而不是钢梁。

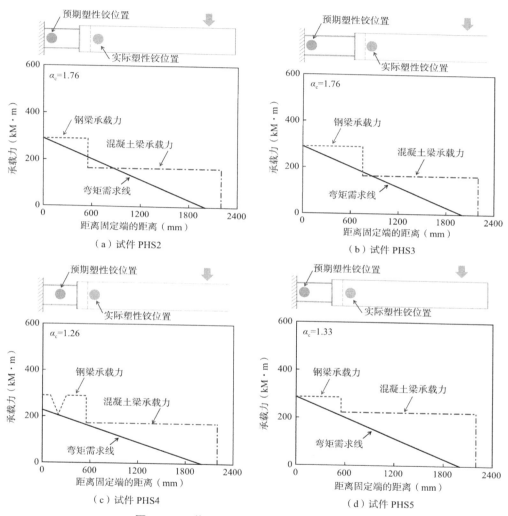

图 2.3-13 截面受弯承载力与弯矩需求的关系

2.3.4 小结

(1)普通预制混凝土梁最终破坏时为梁端出现塑性铰,塑性铰长度约为 1.0 倍梁高;预制混合梁最终破坏时为连接节点区域外侧混凝土梁内出现塑性铰,塑性铰长度约为 0.5 ~ 1.0 倍梁高,端部钢梁未出现局部屈曲等破坏现象,保持完好。

(2)至试件最终破坏时,预制混合梁的连接节点始终保持较好的整体性,未出现严重破坏,能可靠地传递钢梁和混凝土梁两者间应力。

（3）端部钢梁长度和混凝土梁受弯承载力的增加均可提高承载能力，其中增加混凝土梁受弯承载力的效果更明显，且延性系数有所增加；采用钢梁翼缘削弱方式对承载能力的提高无明显影响，但可增加延性；相比普通预制混凝土梁试件，预制混合梁试件的强屈比提高约 9.5%，说明预制混合梁具有更好的屈服后弹塑性变形能力，更有利于耗能。

（4）预制混合梁的初始刚度约为普通预制混凝土梁的一半，但其刚度退化速率更为均匀和稳定，无明显的刚度突变；钢梁长度、混凝土梁与钢梁的受弯承载力比和刚度比对整体构件的刚度退化规律影响不明显。

（5）预制混合梁的变形曲线在屈服前基本为直线，整体变形能力较强，钢梁应变随荷载增加而增大，屈服后，混凝土梁的裂缝开展和损伤累积导致变形曲线出现明显拐点，整体变形能力降低，钢梁应变在加载后期随位移的增加而减小。

2.4 预制混合梁竖向变形性能

由于预制混合梁两端设有钢梁连接接头，沿梁长度方向由两种不同材料和截面组成，在竖向荷载作用下预制混合梁的变形性能与普通预制混凝土梁或钢梁均有不同，本节对预制混合梁在竖向荷载下的变形性能进行分析。

2.4.1 预制混合梁挠曲线计算公式

1. 基本假定

预制混合梁由两端钢梁和中部混凝土梁通过连接节点组合而成，在公式推导中，定义系数 μ_s 为单侧钢梁段长度与预制混合梁跨度的比值（简称长跨比），系数 α_{sc} 为钢梁截面抗弯刚度与混凝土截面抗弯刚度的比值（简称抗弯刚度比），系数 γ_{sc} 为钢梁截面抗剪刚度与混凝土截面抗剪刚度的比值（简称抗剪刚度比）。系数 μ_s、α_{sc} 和 γ_{sc} 的计算式分别如式（2.4-1）、式（2.4-2）和式（2.4-3）所示：

$$\mu_s = L_s/L \tag{2.4-1}$$

$$\alpha_{sc} = D_s/D_c \tag{2.4-2}$$

$$\gamma_{sc} = C_s/C_c \tag{2.4-3}$$

式中：μ_s——单侧钢梁段长度与预制混合梁跨度的比值，取值范围为 $0<\mu<0.5$；

α_{sc}——钢梁截面抗弯刚度与混凝土截面抗弯刚度的比值；

γ_{sc}——钢梁截面抗剪刚度与混凝土截面抗剪刚度的比值；

L_s——预制混合梁单侧钢梁段长度；

L——预制混合梁跨度；

D_s——钢梁截面抗弯刚度；

D_c——混凝土截面抗弯刚度；

C_s——钢梁截面抗剪刚度；

C_c——混凝土截面抗剪刚度。

预制混合梁计算模型如图 2.4-1 所示，挠曲线计算公式推导时采用以下基本假定：①预制混合梁在跨中竖向集中荷载作用下变形采用弹性分析方法，混凝土梁段刚度计算时，截面惯性矩按匀质混凝土全截面计算；②钢梁和混凝土梁间连接节点假定为刚性节点。

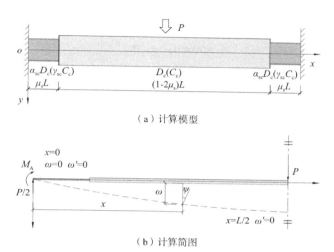

（a）计算模型

（b）计算简图

图 2.4-1 预制混合梁计算模型

2. 奇异函数的性质

奇异函数又称为麦考利函数，其定义如下[9]：

$$f(x) = <x - x_i>^n$$

当 $n \geq 0$ 时，$<x - x_i>^n = \begin{cases} (x - x_i)^n & , x \geq x_i \\ 0 & , x \leq x_i \end{cases}$

当 $n < 0$ 时，$<x - x_i>^n = \begin{cases} \infty & , x = x_i \\ 0 & , x \neq x_i \end{cases}$ （2.4-4）

奇异函数的微积分规律如下：

$$\frac{\mathrm{d}}{\mathrm{d}x}<x - x_i>^n = \begin{cases} <x - x_i>^{n-1} & , n \leq 0 \\ n<x - x_i>^{n-1} & , n > 0 \end{cases} \quad （2.4\text{-}5）$$

$$\int <x - x_i>^n \, \mathrm{d}x = \begin{cases} <x - x_i>^{n+1} & , n \leq 0 \\ \dfrac{1}{n+1}<x - x_i>^{n+1} & , n > 0 \end{cases} \quad （2.4\text{-}6）$$

3. 公式推导

由于预制混合梁几何形状、杆件截面尺寸和弹性模量均对称于跨中截面，故取半结构进行分析，其计算简图如图 2.4-1（b）所示。

两端固支等截面梁在对称荷载 q（x）作用下，其平衡方程及其边界条件为：

$$\left.\begin{array}{l} -C\dfrac{\mathrm{d}^2\omega}{\mathrm{d}x^2}+C\dfrac{\mathrm{d}\psi}{\mathrm{d}x}=q \\[3mm] -C\dfrac{\mathrm{d}\omega}{\mathrm{d}x}-D\dfrac{\mathrm{d}^2\psi}{\mathrm{d}x^2}+C\psi=0 \end{array}\right\} \tag{2.4-7}$$

在 $x=0$ 及 $x=L$ 处：

$$\omega=0,\ \psi=0 \tag{2.4-8}$$

式中：ω 及 ψ 为广义挠度与转角，广义荷载 q 为单位长度内的荷载在 y 轴上投影。

令 ω_0 为预制混合梁在忽略剪切变形情况下的挠度，则 ω_0 满足下列方程和边界条件：

$$D\dfrac{\mathrm{d}^4\omega_0}{\mathrm{d}x^4}=q \tag{2.4-9}$$

当 $x=0$ 时，$\omega_0=0$，$\omega_0{'}=0$；当 $x=\dfrac{L}{2}$ 时：

$$\omega_0{'}=0 \tag{2.4-10}$$

若取 $\psi=\dfrac{\mathrm{d}\omega_0}{\mathrm{d}x}$，

$$\omega=\omega_0-\dfrac{D}{C}\dfrac{\mathrm{d}^2\omega_0}{\mathrm{d}x^2}+\dfrac{D}{C}\dfrac{\mathrm{d}^2\omega_0}{\mathrm{d}x^2}\bigg|_{x=0} \tag{2.4-11}$$

当式（2.4-7）和式（2.4-10）均满足时，通过式（2.4-11）即可求解预制混合梁的挠度。此外，预制混合梁中由剪切变形引起的附加挠度 ω_1 为：

$$\omega_1=\omega-\omega_0=-\dfrac{D}{C}\dfrac{\mathrm{d}^2\omega_0}{\mathrm{d}x^2}+\dfrac{D}{C}\dfrac{\mathrm{d}^2\omega_0}{\mathrm{d}x^2}\bigg|_{x=0} \tag{2.4-12}$$

以下通过对式（2.4-7）中抗弯刚度和抗剪刚度进行修正，以考虑预制混合梁沿梁长方向截面的变化。

对任意非均质材料变截面梁，其截面抗弯刚度的倒数 $\dfrac{1}{D(x)}$ 可表示为下列奇异函数：

$$\dfrac{1}{D(x)}=\sum_{i=1}^{n}\beta_i<x-x_{i-1}>^0 \tag{2.4-13}$$

式中：$\beta_i=\dfrac{1}{D_i}-\dfrac{1}{D_{i-1}}$，$x_0=0$，$\dfrac{1}{D_0}=0$。

截面抗剪刚度的倒数 $\dfrac{1}{C(x)}$ 可表示为下列奇异函数：

$$\dfrac{1}{C(x)}=\sum_{i=1}^{n}\delta_i<x-x_{i-1}>^0 \tag{2.4-14}$$

式中：$\delta_i = \dfrac{1}{C_i} - \dfrac{1}{C_{i-1}}$，$x_0 = 0$，$\dfrac{1}{C_0} = 0$。

由式（2.4-2）和式（2.4-13）可得预制混合梁截面抗弯刚度的倒数表达式，如下式所示：

$$\frac{1}{D(x)} = \frac{1}{\alpha_{sc} D_c} \left[1 - (1-\alpha_{sc}) <x-\mu_s L>^0 \right] \qquad （2.4\text{-}15）$$

由式（2.4-3）和式（2.4-14）可得预制混合梁截面抗剪刚度的倒数表达式，如下式所示：

$$\frac{1}{C(x)} = \frac{1}{\gamma_{sc} C_c} \left[1 - (1-\gamma_{sc}) <x-\mu_s L>^0 \right] \qquad （2.4\text{-}16）$$

根据计算简图，建立梁的外力线分布集度函数如下：

$$q(x) = -M_A <x>^{-2} - \frac{P}{2} <x>^{-1} \qquad （2.4\text{-}17）$$

将式（2.4-15）和式（2.4-17）代入式（2.4-9）得：

$$\frac{d^4 \omega_0}{dx^4} = \frac{1}{\alpha_{sc} D_c} \left(-M_A <x>^{-2} - \frac{P}{2} <x>^{-1} \right) \left[1 - (1-\alpha_{sc}) <x-\mu_s L>^0 \right] \qquad （2.4\text{-}18）$$

对式（2.4-18）积分四次，得挠度公式：

$$\omega_0 = -\frac{M_A}{2\alpha_{sc} D_c} x^2 - \frac{P}{12\alpha_{sc} D_c} x^3 + \frac{(1-\alpha_{sc})M_A}{2\alpha_{sc} D_c} <x-\mu_s L>^2 - \frac{(1-\alpha_{sc})\mu_s^2 PL^2}{4\alpha_{sc} D_c} <x-\mu_s L>^1 + \frac{(1-\alpha_{sc})(x^3 - \mu_s^3 L^3)P}{12\alpha_{sc} D_c} <x-\mu_s L>^0 + c_1 x + c_2 \qquad （2.4\text{-}19）$$

将式（2.4-10）代入式（2.4-19），得：

$$c_1 = c_2 = 0, \quad M_A = -\frac{(\alpha_{sc} - 4\alpha_{sc}\mu_s^2 + 4\mu_s^2)PL}{8(\alpha_{sc} - 2\alpha_{sc}\mu_s + 2\mu_s)} \qquad （2.4\text{-}20）$$

将式（2.4-20）代入式（2.4-19），可得到预制混合梁在忽略剪切变形情况下的挠曲线计算公式：

$$\omega_0 = \frac{(\alpha_{sc} - 4\alpha_{sc}\mu_s^2 + 4\mu_s^2)PL}{16\alpha(\alpha_{sc} - 2\alpha_{sc}\mu_s + 2\mu_s)D_c} x^2 - \frac{P}{12\alpha_{sc} D_c} x^3 - \frac{(1-\alpha_{sc})(\alpha_{sc} - 4\alpha_{sc}\mu_s^2 + 4\mu_s^2)PL}{16\alpha_{sc}(\alpha_{sc} - 2\alpha_{sc}\mu_s + 2\mu_s)D_c} <x-\mu_s L>^2$$

$$- \frac{(1-\alpha_{sc})\mu_s^2 PL^2}{4\alpha_{sc} D_c} <x-\mu_s L>^1 + \frac{(1-\alpha_{sc})(x^3 - \mu_s^3 L^3)P}{12\alpha_{sc} D_c} <x-\mu_s L>^0 \qquad （2.4\text{-}21）$$

将式（2.4-16）和式（2.4-21）代入式（2.4-12）中，得预制混合梁剪切变形引起的附加挠度如下：

$$\omega_1 = \frac{P}{2\gamma_{sc} C_c} x + (1-\gamma_{sc}) \left[\frac{(\alpha_{sc} - 4\alpha_{sc}\mu_s^2 + 4\mu_s^2)PL}{8\gamma_{sc}(\alpha_{sc} - 2\alpha_{sc}\mu_s + 2\mu_s)C_c} - \frac{P}{2\gamma_{sc} C_c} x + c_3 \right] <x-\mu_s L>^0 \qquad （2.4\text{-}22）$$

式中：c_3——考虑剪切刚度突变而引入的修正常数。

由于剪切变形曲线是连续的，因此应满足：

$$\lim_{x \to \mu_s L^-} \omega_1 = \lim_{x \to \mu_s L^+} \omega_1 = \omega_1(\mu_s L) \qquad （2.4\text{-}23）$$

将式（2.4-23）代入式（2.4-22）中，得：

$$c_3 = -\frac{(\alpha_{sc} - 4\alpha_{sc}\mu_s^2 + 4\mu_s^2)PL}{8\gamma_{sc}(\alpha_{sc} - 2\alpha_{sc}\mu_s + 2\mu_s)C_c} + \frac{\mu_s PL}{2\gamma_{sc}C_c} \qquad （2.4-24）$$

将式（2.4-24）代入式（2.4-22）中，得：

$$\omega_1 = \frac{P}{2\gamma_{sc}C_c}x - (1-\gamma_{sc})\frac{P}{2\gamma_{sc}C_c}<x-\mu_s L>^1 \qquad （2.4-25）$$

将式（2.4-21）和式（2.4-25）代入式（2.4-11），可得预制混合梁考虑剪切变形时的挠曲线计算公式：

$$\omega = \frac{(\alpha_{sc} - 4\alpha_{sc}\mu_s^2 + 4\mu_s^2)PL}{16\alpha_{sc}(\alpha_{sc} - 2\alpha_{sc}\mu_s + 2\mu_s)D_c}x^2 - \frac{P}{12\alpha_{sc}D_c}x^3 - \frac{(1-\alpha_{sc})(\alpha_{sc} - 4\alpha_{sc}\mu_s^2 + 4\mu_s^2)PL}{16\alpha_{sc}(\alpha_{sc} - 2\alpha_{sc}\mu_s + 2\mu_s)D_c}<x-\mu_s L>^2$$
$$-\frac{(1-\alpha_{sc})\mu_s^2 PL^2}{4\alpha_{sc}D_c}<x-\mu_s L>^1 + \frac{(1-\alpha_{sc})(x^3-\mu_s^3 L^3)P}{12\alpha_{sc}D_c}<x-\mu_s L>^0 + \frac{P}{2\gamma_{sc}C_c}x - (1-\gamma_{sc})\frac{P}{2\gamma_{sc}C_c}<x-\mu_s L>^1 \qquad （2.4-26）$$

由式（2.4-26）可知，预制混合梁的挠度可分解为弯曲变形引起的挠度和剪切变形引起的附加挠度两部分。

式（2.4-21）、式（2.4-25）和式（2.4-26）中：x 的取值范围均为 $0 \leqslant x \leqslant \dfrac{L}{2}$。

当取 $x=L/2$ 时，由式（2.4-26）可得预制混合梁跨中挠度计算公式：

$$\omega_{0.5L} = \left[\frac{(16\mu_s^4 - 32\mu_s^3 + 24\mu_s^2 - 8\mu_s + 1)\alpha_{sc}}{(384\mu_s - 192)\alpha_{sc} - 384\mu_s} + \frac{(-32\mu_s^4 + 32\mu_s^3 - 24\mu_s^2 + 8\mu_s)\alpha_{sc} + 16\mu_s^4}{(384\mu_s - 192)\alpha_{sc}^2 - 384\mu_s\alpha_{sc}}\right]\frac{PL^3}{D_c} + (\gamma_{sc} - 2\mu_s\gamma_{sc} + 2\mu_s)\frac{PL}{4\gamma_{sc}C_c} \qquad （2.4-27）$$

当取 $\alpha_{sc}=1$，$\mu_s=0$，$\gamma_{sc}=1$ 时，由式（2.4-26）可得预制混凝土梁挠曲线计算公式：

$$\omega = \frac{PL}{16D_c}x^2 - \frac{P}{12\alpha_{sc}D_c}x^3 + \frac{P}{2C_c}x \qquad （2.4-28）$$

在式（2.4-28）基础上取 $x=L/2$ 时，可得预制混凝土梁跨中挠度计算公式：

$$\omega_{0.5L} = \frac{PL^3}{192D_c}\left(1+\frac{48D_c}{2C_c L^2}\right) \qquad （2.4-29）$$

2.4.2　竖向挠曲线计算公式验证及分析

为验证预制混合梁挠曲线计算公式的准确性，取开裂荷载下预制混合梁试验结果与推导公式计算结果进行对比分析，表 2.4-1 为各试件开裂荷载和设计参数。

各试件开裂荷载和设计参数　　　　　　　　　　　表 2.4-1

试件编号	P_{cr}（kN）	μ_s	D_s/D_c	C_s/C_c
PC1	90	—	—	—
PHSC1	60	0.06	0.31	0.13
PHSC2	65	0.11	0.31	0.13
PHSC3	80	0.17	0.31	0.13

注：截面抗剪刚度 $C=k/GA$，k 为截面系数，其取值根据文献 [10] 确定。

图 2.4-2 为各试件挠度曲线试验值与挠曲线公式计算值的对比。由图可知：

（1）试件 PC1 试验挠曲线与考虑剪切变形的计算挠曲线吻合较好，最大误差仅为 4.4%，而与忽略剪切变形的计算挠曲线吻合较差，最大误差为 19.4%，说明预制混凝土梁中剪切变形引起的附加挠度不可忽略，其原因在于预制混凝土梁截面高跨比较大，剪切变形的作用随无量纲参数 $\dfrac{D_c}{C_c L^2}$ 的增大而增大。

（2）试件 PHSC1 ~ PHSC3 试验挠曲线与考虑剪切变形的计算挠曲线整体吻合较好，最大误差为 9.4%（试件 PHSC1），与忽略剪切变形的计算挠曲线整体吻合较差，最大误差为 33.9%。与预制混凝土梁相比，剪切变形对预制混合梁挠度的影响更大。其原因是梁端钢梁截面抗剪刚度较预制混凝土梁小，剪切变形的影响更显著。

（3）利用式（2.4-29）可以较好地预测预制混合梁在跨中竖向集中荷载作用下的竖向变形。

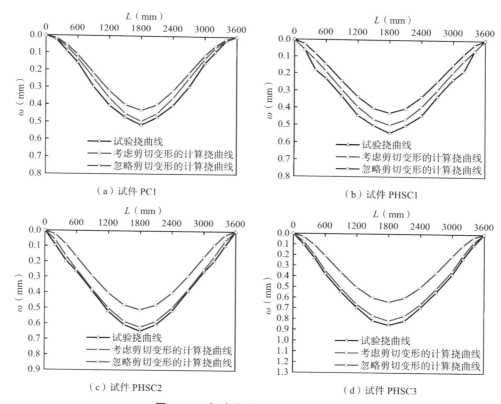

图 2.4-2 各试件试验与计算挠度曲线

图 2.4-3 给出了各试件跨中挠度试验值与计算值的对比图，图 2.4-4 给出了各试件跨中挠度计算值的组成。由图 2.4-3 和图 2.4-4 可知：

（1）试件 PC1 跨中挠度试验值与计算值相差较小，相对误差为 4.4%；跨中挠度值中由剪切变形引起的附加挠度与跨中挠度的比值为 12.5%。

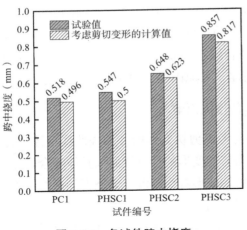

图 2.4-3　各试件跨中挠度　　　　　　图 2.4-4　各试件跨中挠度组成

（2）试件 PHSC1 ~ PHSC3 跨中挠度试验值与考虑剪切变形的跨中挠度计算值吻合较好，其相对误差分别为 9.4%，4.0% 和 4.9%；跨中挠度值中由剪切变形引起的附加挠度占比分别为 14.2%，17.8% 和 21.7%，说明预制混合梁中由剪切变形引起的附加挠度不可忽略，其附加挠度随钢梁长度的增大而逐渐增大。原因在于预制混凝土梁端的混凝土梁段为钢梁段所代替，削弱了梁端截面的抗剪刚度，而钢梁长度的增大导致了剪切变形作用的增大。

（3）式（2.4-27）可以较好地预测预制混合梁在跨中竖向集中荷载作用下的跨中挠度。

2.4.3　预制混合梁竖向变形影响因素分析

为深入研究预制混合梁在跨中竖向集中荷载作用下的变形性能，以试件 PHSC2 为基准模型，重点分析开裂荷载作用下抗弯刚度比 α_{sc}、长跨比 μ_s 和高跨比 h_b/L 等参数对预制混合梁竖向变形性能的影响。

1. 抗弯刚度比

通过调整钢梁翼缘宽度来改变预制混合梁抗弯刚度比，选取的抗弯刚度比分别为 0.31、0.39、0.47 和 0.55（对应钢梁翼缘宽度分别为 150 mm、200 mm、250 mm 和 300 mm）。采用式（2.4-26）和式（2.4-27）计算得到预制混合梁计算挠曲线与跨中挠度随抗弯刚度比的变化情况分别如图 2.4-5 和图 2.4-6 所示。

由图 2.4-5 可知，其他影响参数相同的条件下，抗弯刚度比为 0.39、0.47 和 0.55 时的挠度较抗弯刚度比为 0.31 时分别减少了 8.4%、14.9% 和 20%。可见，预制混合梁挠度随抗弯刚度比的增大而减小，且减小趋势逐渐变缓。其原因在于随着抗弯刚度比的增大，预制混合梁的整体抗弯刚度逐渐增大，从而使构件整体刚度提高，挠度减小。因此，在工程设计中，可适当提高预制混合梁抗弯刚度比，以减小构件的挠度使之满足限值要求。

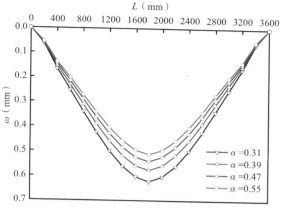

图 2.4-5　不同抗弯刚度比下预制混合梁挠度曲线

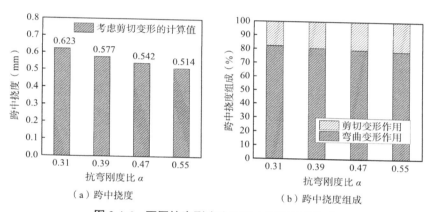

（a）跨中挠度　　　　　　　　　　（b）跨中挠度组成

图 2.4-6　不同抗弯刚度比下跨中挠度及其组成

由图 2.4-6 可知，预制混合梁跨中挠度随抗弯刚度比的增大而减小，当抗弯刚度比从 0.31 变为 0.39、0.47 和 0.55 时，跨中挠度分别减少了 7.3%、13% 和 17.6%，说明预制混合梁的整体刚度增大，变形减小。同时，四种抗弯刚度比下由剪切变形引起的附加挠度占比分别为 17.8%、19.2%、20.5% 和 21.6%，表明剪切变形作用随抗弯刚度比的增大而逐渐增大，原因是变参数时预制混合梁由剪切变形引起的附加挠度并未受到影响，而由弯曲变形引起的挠度随抗弯刚度比的增大而减小，从而导致剪切变形作用影响的增大。

2. 长跨比

图 2.4-7 给出了不同长跨比下预制混合梁的计算挠曲线。由图可知：

（1）长跨比为 0 和 0.03 时计算挠曲线差异显著，曲线平均增幅为 69.7%，表明钢梁段的存在对预制混合梁变形性能影响较大。

（2）其他参数相同的条件下，预制混合梁挠度随长跨比的增大而逐渐增大，当长跨比从 0.03 增大至 0.08 时，曲线平均增长幅度最大，为 35%；当长跨比大于 0.08

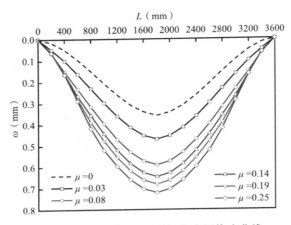

图 2.4-7　不同长跨比下预制混合梁挠度曲线

时，挠度增长缓慢，曲线间平均增幅分别为 9.2%、4.8% 和 5.4%。增幅略有回调的原因是此时钢梁段总长度已达到跨度的一半，预制混合梁的变形性能逐渐接近于同跨度的纯钢梁。

（3）预制混合梁计算挠曲线沿梁长方向可分为三部分，即两端钢梁段和中间混凝土梁段。在钢梁段内，同位置处的挠度随长跨比变化并不明显；而在混凝土梁段，相应挠度变化有明显差异。其原因在于随着长跨比的增大，预制混合梁截面整体抗弯刚度变化趋势缓慢减小至渐趋稳定，而截面整体抗剪刚度仍呈减小趋势。

图 2.4-8 为不同长跨比下跨中挠度及其组成。从图中可以看出：

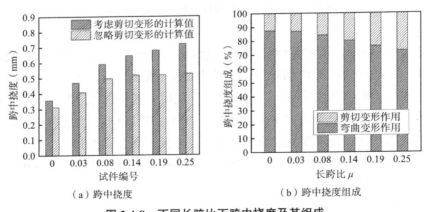

（a）跨中挠度　　　　　　　　（b）跨中挠度组成

图 2.4-8　不同长跨比下跨中挠度及其组成

（1）对预制混合梁，剪切变形引起的附加挠度对跨中挠度影响较大，其影响程度随长跨比的增大而逐渐增大。当长跨比从 0 增大至 0.25 时，剪切变形引起的附加挠度占跨中挠度的比重从 14.2% 增大至 36.7%。因此，对预制混合梁，由剪切变形所引起的附加挠度不可忽略。

（2）考虑剪切变形影响时，预制混合梁跨中挠度随长跨比的增大而逐渐增大，当长跨比从 0 变为 0.03、0.08、0.14、0.19 和 0.25 时，跨中挠度分别增大 31%、64.8%、80.4%、90.2% 和 101.4%，表明长跨比对预制混合梁的变形性能影响较大。因此进行此类梁的工程设计时，在钢梁段长度满足装配安装空间的前提下，应尽可能地缩短钢梁段长度，以控制混合梁的挠度和剪切变形。

（3）预制混合梁的跨中挠度主要由弯曲变形引起；当长跨比从 0 增大至 0.03 时，由剪切变形引起的附加挠度占比基本没有变化；而当长跨比从 0.03 逐渐增大至 0.25 时，附加挠度占比从 13% 变为 26.9%，比值近似呈线性增长，其原因在于弯曲变形引起的挠度变化随长跨比的增大而渐趋稳定，而剪切变形引起的附加挠度仍呈线性增长。因此，当钢梁与混凝土梁截面抗剪刚度相差较大时可通过减少钢梁段长度来控制预制混合梁的竖向变形。

3. 高跨比

定义 h_b/L 为混凝土梁段截面高度与跨度的比值（简称高跨比）。框架结构中框架梁的高跨比一般为 1/10 ~ 1/18，以上文第 2 小节中计算模型为基准，通过改变预制混合梁跨度得到高跨比为 1/10、1/12、1/15 和 1/18 时的跨中挠度组成情况，如图 2.4-9 所示。从图 2.4-9 中可以看出：①长跨比相同时，预制混合梁中由剪切变形引起的附加挠度占比随高跨比的减小而减小。当高跨比分别为 1/10、1/12、1/15 和

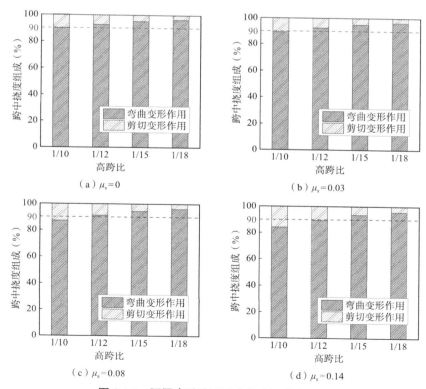

图 2.4-9　不同高跨比下跨中挠度组成（一）

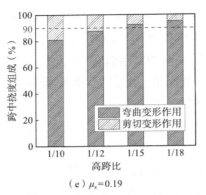
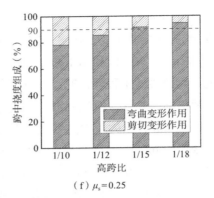

（e）$\mu_s=0.19$　　　　　　　　　（f）$\mu_s=0.25$

图 2.4-9　不同高跨比下跨中挠度组成（二）

1/18 时，最大附加挠度占比分别为 21.7%、14.5%、8.5% 和 5.4%；表明对高跨比较大的预制混合梁，剪切变形对跨中挠度的影响更显著。②对于高跨比较大的预制混合梁（h_b/L=1/10），当长跨比从 0 增大至 0.25 时，由剪切变形引起的附加挠度占比由 10.4% 增至 21.7%；而对于高跨比较小的预制混合梁（h_b/L=1/18），相应的附加的挠度占比由 3.4% 增至 5.4%。由此可见，随着高跨比的减小，长跨比对预制混合梁变形性能的影响也在减小。

综上所述，当预制混合梁的高跨比大于 1/12 时，由剪切变形引起的最大附加挠度占比大于 10%；当高跨比小于 1/15 时，由剪切变形引起的最大附加挠度占比小于 10%。因此，建议预制混合梁在高跨比大于 1/12 时考虑剪切变形对挠度的影响。

2.4.4　小结

（1）本节推导出竖向荷载下预制混合梁挠曲线计算公式与试验结果吻合较好，可用于分析弹性状态下预制混合梁的变形性能和计算其跨中挠度。

（2）钢梁长度的改变对试件 PHSC1 ~ PHSC3 的变形性能有显著影响，钢梁长度越长，挠度越大，由剪切变形引起的附加挠度占比呈线性增长。因此在钢梁段长度满足装配安装尺寸的前提下，应尽可能地缩短钢梁段长度，以控制混合梁的挠度和剪切变形。

（3）随着抗弯刚度比的增大，预制混合梁的挠度减小，由剪切变形引起的附加挠度占比略有增大。

（4）长跨比相同时，预制混合梁中由剪切变形引起的附加挠度占比随高跨比的减小而减小；当高跨比大于 1/12 时，附加挠度占比大于 10%，建议预制混合梁在高跨比大于 1/12 时考虑剪切变形对挠度的影响。

2.5 预制混合梁框架抗侧刚度分析

本节基于奇异函数及结构力学相关理论，推导弹性阶段预制混合梁两端刚接条件下，忽略剪切变形情况时，预制混合梁在局部坐标系下的刚度矩阵；通过对单层单跨预制混合梁框架结构进行分析，得到预制混合梁框架结构抗侧刚度，并提出相对均质混凝土梁的抗弯刚度的削减系数概念，从而建立一种针对多层多跨预制混合梁框架结构侧向刚度的简化计算方法。

2.5.1 局部坐标系下预制混合梁刚度矩阵

假定预制混合梁端部刚接，A、B 为梁端节点。忽略其剪切变形，针对梁端转角位移及竖向线位移，则有：

$$
\left\{
\begin{aligned}
& N_1 = \frac{1}{\left(\dfrac{2\mu_s}{E_s A_s} + \dfrac{1-2\mu_s}{E_c A_c}\right)L}\left(u_1 - u_2\right) \\
& M_A = \delta_{22}\theta_A - \left(\delta_{12}L + \delta_{22}\right)\theta_B + \delta_{12}\varDelta_1 \\
& M_B = -\left(\delta_{12}L + \delta_{22}\right)\theta_A + \delta_{22}\theta_B + \delta_{12}\varDelta_1 \\
& F_{QAB} = \delta_{12}\theta_A + \delta_{12}\theta_B - \frac{2}{L}\delta_{12}\varDelta_1 \\
& F_{QBA} = \delta_{12}\theta_A + \delta_{12}\theta_B - \frac{2}{L}\delta_{12}\varDelta_1
\end{aligned}
\right.
\tag{2.5-1}
$$

式（2.5-1）中梁端弯矩 M_A、M_B 和转角 θ_A、θ_B 是以顺时针为正；$\varDelta_1$ 为左端较右端的相对线位移，方向以竖直向上为正；F_{QAB}、F_{QBA} 为梁端剪力，其方向以使梁单元发生顺时针转动为正。

将其正方向按照结构力学矩阵位移法[11]中的规定，取 A 端为局部坐标系的原点，记作 i，B 端记作 j，则有：

$$
\left\{
\begin{aligned}
& F_{QAB} = \overline{F}_{yi}, \ F_{QBA} = -\overline{F}_{yj}, \ M_A = -\overline{M}_i, \ M_B = -\overline{M}_j \\
& \varDelta_1 = \overline{r}_i - \overline{r}_j, \ \theta_A = -\overline{\theta}_i, \ \theta_A = -\overline{\theta}_j \\
& N_1 = -\overline{F}_{xi} = \overline{F}_{xj}, \ u_1 = \overline{u}_i, \ u_2 = \overline{u}_j
\end{aligned}
\right.
\tag{2.5-2}
$$

将关系式（2.5-2）引入式（2.5-1）并以矩阵形式表达，可以得到梁单元刚度方程如下：

$$
\begin{pmatrix}
\overline{F_{xi}} \\
\overline{F_{yi}} \\
\overline{M_i} \\
\overline{F_{xj}} \\
\overline{F_{yj}} \\
\overline{M_j}
\end{pmatrix}
=
\begin{pmatrix}
\dfrac{1}{\left(\dfrac{2\mu_s}{E_sA_s}+\dfrac{1-2\mu_s}{E_cA_c}\right)L} & 0 & 0 & -\dfrac{1}{\left(\dfrac{2\mu_s}{E_sA_s}+\dfrac{1-2\mu_s}{E_cA_c}\right)L} & 0 & 0 \\
0 & -\dfrac{2}{L}\delta_{12} & -\delta_{12} & 0 & \dfrac{2}{L}\delta_{12} & -\delta_{12} \\
0 & -\delta_{12} & \delta_{22} & 0 & \delta_{12} & -(\delta_{12}L+\delta_{22}) \\
-\dfrac{1}{\left(\dfrac{2\mu_s}{E_sA_s}+\dfrac{1-2\mu_s}{E_cA_c}\right)L} & 0 & 0 & \dfrac{1}{\left(\dfrac{2\mu_s}{E_sA_s}+\dfrac{1-2\mu_s}{E_cA_c}\right)L} & 0 & 0 \\
0 & \dfrac{2}{L}\delta_{12} & \delta_{12} & 0 & -\dfrac{2}{L}\delta_{12} & \delta_{12} \\
0 & -\delta_{12} & -(\delta_{12}L+\delta_{22}) & 0 & \delta_{12} & \delta_{22}
\end{pmatrix}
\begin{pmatrix}
\overline{u_i} \\
\overline{r_i} \\
\overline{\theta_i} \\
\overline{u_j} \\
\overline{r_i} \\
\overline{\theta_i}
\end{pmatrix}
\tag{2.5-3}
$$

其中预制混合梁刚度矩阵为：

$$
\boldsymbol{k}=
\begin{pmatrix}
\dfrac{1}{\left(\dfrac{2\mu_s}{E_sA_s}+\dfrac{1-2\mu_s}{E_cA_c}\right)L} & 0 & 0 & -\dfrac{1}{\left(\dfrac{2\mu_s}{E_sA_s}+\dfrac{1-2\mu_s}{E_cA_c}\right)L} & 0 & 0 \\
0 & -\dfrac{2}{L}\delta_{12} & -\delta_{12} & 0 & \dfrac{2}{L}\delta_{12} & -\delta_{12} \\
0 & -\delta_{12} & \delta_{22} & 0 & \delta_{12} & -(\delta_{12}L+\delta_{22}) \\
-\dfrac{1}{\left(\dfrac{2\mu_s}{E_sA_s}+\dfrac{1-2\mu_s}{E_cA_c}\right)L} & 0 & 0 & \dfrac{1}{\left(\dfrac{2\mu_s}{E_sA_s}+\dfrac{1-2\mu_s}{E_cA_c}\right)L} & 0 & 0 \\
0 & \dfrac{2}{L}\delta_{12} & \delta_{12} & 0 & -\dfrac{2}{L}\delta_{12} & \delta_{12} \\
0 & -\delta_{12} & -(\delta_{12}L+\delta_{22}) & 0 & \delta_{12} & \delta_{22}
\end{pmatrix}
\tag{2.5-4}
$$

2.5.2　预制混合梁框架结构抗侧刚度分析

为研究预制混合梁框架结构抗侧刚度与预制混合梁钢梁长度与总长度比 μ_s、钢梁与混凝土抗弯刚度比 α_{sc} 之间的关系，建立了一个单层单跨框架结构。结构层高为 h，跨度为 L，框架柱顶作用水平力 F 使结构顶部发生单位侧移，计算模型变形示意如图 2.5-1 所示。

利用结构节点弯矩平衡和结构柱剪力平衡列出平衡方程组，根据结构具有反对称结构受力特性，两个节点转角相同。因此，可以采用一个节点进行位移法的计算。计算过程中忽略杆件的轴向变形与剪切变形，此时预制混合梁梁端仅存在转角位移，不存在轴向相对位移及竖向线位移。此时解出节点处转角即可求出框架的抗侧刚度。由于节点处弯矩保持平衡，柱端与梁端弯矩之和等于零，可以列出节点转角表达式如下：

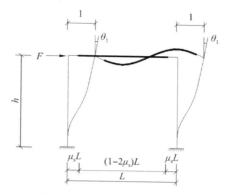

图 2.5-1 单层单跨框架结构计算模型变形示意图

$$\theta_1 = \frac{\dfrac{6E_cI_{col}}{h^2}}{\dfrac{4E_cI_{col}}{h} + 6\dfrac{E_cI_c}{L} \cdot \dfrac{\alpha_{sc}}{f_1(\mu_s) + \alpha_{sc} \cdot f_2(\mu_s)}} \quad (2.5\text{-}5)$$

通过位移法得到解析解为:

$$K = \frac{24E_cI_{col}}{h^3} - \frac{12E_cI_{col}}{h^2}\frac{\dfrac{6E_cI_{col}}{h^2}}{\dfrac{4E_cI_{col}}{h} + 6\dfrac{E_cI_c}{L} \dfrac{\alpha_{sc}}{f_1(\mu_s) + \alpha_{sc} \cdot f_2(\mu_s)}} \quad (2.5\text{-}6)$$

其中:

$$\begin{cases} f_1(\mu_s) = 8\mu_s^3 - 12\mu_s^2 + 6\mu_s \\ f_2(\mu_s) = -8\mu_s^3 + 12\mu_s^2 - 6\mu_s + 1 \end{cases} \quad (2.5\text{-}7)$$

式中:K——结构的抗侧刚度;

I_{col}——框架柱截面惯性矩;

E_c——混凝土梁段的混凝土弹性模量。

整体结构抗侧刚度随 μ_s、α_{sc} 的变化趋势如图 2.5-2 所示。图中 K_0 为均质梁框架的抗侧刚度。

由图 2.5-2 可知,当参数 α_{sc} 为定值时,抗侧刚度与 μ_s 的关系曲线为凹函数,框架抗侧刚度随参数 μ_s 增大而减小,同时变化率也逐渐减小。此时当 μ_s 大于 0.3 时,抗侧刚度逐渐收敛于纯钢梁框架的抗侧刚度。另外参数 α_{sc} 越大,μ_s 的变化对抗侧刚度的影响越小。

此外,根据式(2.5-6)与图 2.5-2 可知,当参数 α_{sc} 趋近于 0 时,预制混合梁将不传递弯矩,此时结构受力情况类似于铰接框架。抗侧刚度与 α_{sc} 的关系曲线为凸函数,随着参数 α_{sc} 的增大结构抗侧刚度将不断增大,变化率逐渐减小。

式(2.5-6)中 $\dfrac{\alpha_{sc}}{f_1(\mu_s) + \alpha_{sc} \cdot f_2(\mu_s)}$ 可以写为 $\dfrac{1}{\left(\dfrac{1}{\alpha_{sc}} - 1\right)f_1(\mu_s) + 1}$,而 $f_1(\mu_s)$ 在区

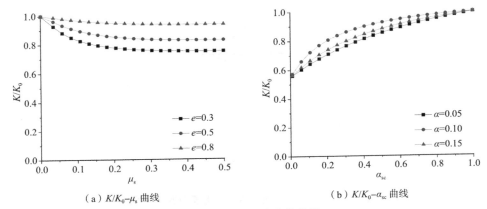

（a）K/K_0–μ_s 曲线　　　　　　　　（b）K/K_0–α_{sc} 曲线

图 2.5-2　抗侧刚度变化趋势

间 $0 \sim 0.5$ 之内大于 0，所以 $\dfrac{1}{\left(\dfrac{1}{\alpha_{sc}}-1\right)f_1(\mu_s)+1}$ 总是大于 0 且小于 1 的。可以看作均

质梁单元抗弯刚度的削减系数 ξ，定义如下：

$$\xi = \frac{\alpha_{sc}}{f_1(\mu_s)+\alpha_{sc}\cdot f_2(\mu_s)} \tag{2.5-8}$$

当 α_{sc} 趋近于 0 时，ξ 趋近于 0，框架的抗侧刚度接近于梁端铰接框架。当 α_{sc}
趋近于 1 或者 μ_s 趋近于 0 时，ξ 趋近于 1，则可以看作刚接的均质弹性混凝土梁
框架。

对于多层多跨框架，层抗侧刚度是一个相对概念，与其相邻上下层的侧向刚度
及外荷载的作用形式相关[12]。通过分析顶层作用一个水平集中荷载的情况，并将框
架顶层发生水平单位位移时的荷载大小作为框架整体的抗侧刚度。同时对于多层多
跨预制混合梁框架结构，削减系数 ξ 并非固定，其表达式将由结构的具体形式而决定，
且比较复杂；此处可用单层单跨推导出的削减系数进行近似计算。其原因在于框架
结构中轴向变形较小可忽略，因此刚度矩阵中仅 a_{33}、a_{36}、a_{63}、a_{66}（a_{ij} 为刚度矩阵
中第 i 行、第 j 列参数）影响着框架受力。假定同层的节点转角相同均为 θ_1 且忽略
轴向变形，那么对于任意预制混合梁端部弯矩可以表示为：

$$a_{33}\theta_{11}+a_{36}\theta_{21}=(a_{33}+a_{36})\theta_1=-\delta_{12}L\theta_1$$
$$=\frac{E_cI_c}{L}\cdot\frac{6\alpha_{sc}}{8(1-\alpha_{sc})\mu_s^3-12(1-\alpha_{sc})\mu_s^2+6(1-\alpha_{sc})\mu_s+\alpha_{sc}}\theta_1 \tag{2.5-9}$$

两端同时转动了 θ_1 的等效均质梁（抗弯刚度为 ξE_cI_c）端部弯矩可以表示为：

$$\frac{\alpha_{sc}}{f_1(\mu_s)+\alpha_{sc}\cdot f_2(\mu_s)}\cdot\frac{E_cI_c}{L}(4\theta_{11}+2\theta_{21})=\frac{6\alpha_{sc}}{f_1(\mu_s)+\alpha_{sc}\cdot f_2(\mu_s)}\cdot\frac{E_cI_c}{L}\theta_1$$
$$=\frac{E_cI_c}{L}\cdot\frac{6\alpha_{sc}}{8(1-\alpha_{sc})\mu_s^3-12(1-\alpha_{sc})\mu_s^2+6(1-\alpha_{sc})\mu_s+\alpha_{sc}}\theta_1 \tag{2.5-10}$$

综上，当预制混合梁与 $\xi E_c I_c$ 的等效均质梁梁端同时旋转 θ_1 时，两个公式是相等的，即任意梁的端部弯矩是相同的。而对于 m 层 n 跨框架结构，求解节点转角位移及楼层水平位移时，由于假定了同层转角相同，所以对于每层节点转角位移未知量从原来的 $n+1$ 减少到 1。此时利用位移法对框架进行求解，可以发现预制混合梁框架与等效均质梁框架所列出的平衡方程组（即各层剪力平衡方程与每层某一节点弯矩平衡方程）是相同的，这时两组方程组所解出来的各个节点转角位移与楼层水平位移相同。代入各层节点位移可以得到两者梁端部弯矩相同，在假定层位移转角相同时，可以认为是等效的。

2.5.3 简化计算方法验证

利用 ABAQUS 建立二维杆系有限元模型，分别对一个 5 层 3 跨和一个 8 层 5 跨的等跨框架结构进行有限元模拟，结构跨长为 6m，钢梁长度为 0.9m，混凝土主梁长度为 4.2m，框架层高为 3m。预制混合梁构造形式、混凝土构件截面尺寸、材料参数等均相同，通过改变预制混合梁中的钢梁规格来改变参数 α_{sc}，从而验证在不同削减系数 ξ 下，该简化计算方法的准确性。钢梁规格见表 2.5-1。

钢梁相关参数

表 2.5-1

模型编号	钢梁规格	μ_s	I_s（m^4）	α_{sc}	ξ
钢梁 1	$150 \times 75 \times 5 \times 7$	0.15	6.42×10^{-6}	0.026	0.039
钢梁 2	$200 \times 100 \times 5.5 \times 8$	0.15	1.76×10^{-5}	0.071	0.104
钢梁 3	$250 \times 125 \times 6 \times 9$	0.15	3.89×10^{-5}	0.157	0.221
钢梁 4	$300 \times 150 \times 8 \times 10$	0.15	7.77×10^{-5}	0.314	0.411
钢梁 5	$350 \times 175 \times 8 \times 13$	0.15	13.4×10^{-5}	0.542	0.643

结构在顶部施加 1000kN 的水平集中力。各个构件均采用二维两节点梁单元（B21）进行模拟，截面特性及弹性模量均按实际设定。梁柱节点、预制混合梁中钢—混凝土节点均采用绑定约束（Tie）进行连接，图 2.5-3 为有限元模型。

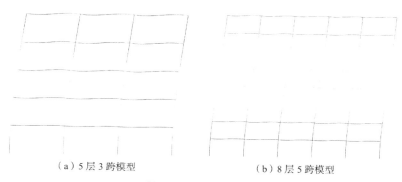

（a）5 层 3 跨模型　　　　　　（b）8 层 5 跨模型

图 2.5-3　有限元模型

　　对于近似等效的均质梁框架结构，首先将原先框架中预制混合梁钢梁的截面特性更改为混凝土主梁的截面特性，之后将梁构件的混凝土弹性模量更改为 ξE_c 而柱构件的弹性模量不变。此时，得到采用抗弯刚度为 $\xi E_c I_c$ 均质梁单元刚接而成的框架结构。为了进行比对，在对比图中加入了不改变抗弯刚度的均质梁，使图中更好地反映出预制混合梁对框架抗侧刚度的削弱。

　　将预制混合梁框架、抗弯刚度为 $E_c I_c$ 的均质梁框架和抗弯刚度为 $\xi E_c I_c$ 均质梁框架侧移量进行比对，5 层 3 跨水平侧移量计算结果如图 2.5-4 所示。

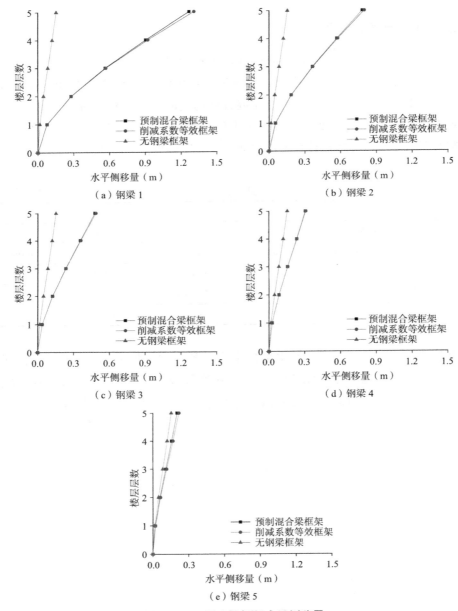

图 2.5-4　5 层 3 跨框架水平侧移量

图 2.5-5 为 8 层 5 跨框架结构在水平荷载作用下的侧移量计算结果。

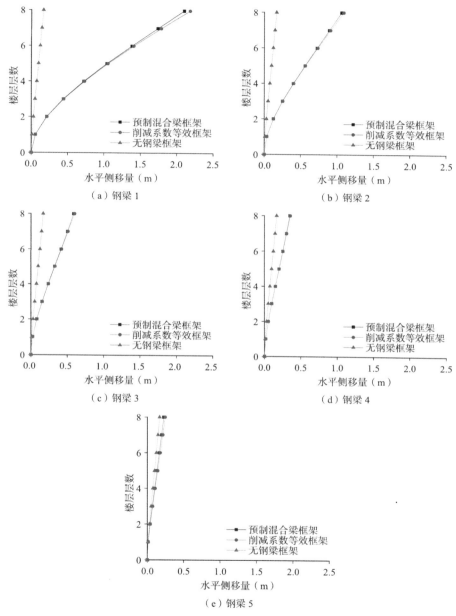

图 2.5-5　8 层 5 跨框架水平侧移量

综合分析可知，利用削减系数 ζ 得到的等效框架与预制混合梁框架水平侧移量吻合度较好。其中 5 层框架平均误差为 2.8%，8 层框架平均误差为 5.7%，因此可以用等效框架来替代预制混合梁框架，从而实现计算上的简化。此外，预制混合梁框架由于钢梁的削减作用，使得结构的抗侧刚度有一定的下降。增加钢梁惯性矩可有效增强结构抗侧刚度，但势必将提高用钢量。如钢梁 2 单位长度用钢量比钢梁 1 多 $0.882 \times 10^{-3} \mathrm{m}^3$，但抗侧刚度可分别提高为原来的 1.62 倍和 1.97 倍；钢梁 5 比钢梁 4 单位长度用钢量多 $1.902 \times 10^{-3} \mathrm{m}^3$，抗侧刚度提高却比较有限，分别提高为原来的 1.51 倍和 1.56 倍。因此应避免采用过小规格的钢梁，同时当参数 $e > 0.2$ 时，首先考虑减小 α 来提升框架抗侧刚度。

2.5.4　小结

本节推导了刚接情况下的预制混合梁刚度矩阵，建立了单层单跨框架并对其抗侧刚度变化趋势进行了分析，提出了削减系数 ζ 及其适用条件，主要结论如下：

（1）刚度矩阵弹性阶段的力学特性主要依赖于钢梁长度与总长度比 μ_s 和钢梁与混凝土梁抗弯刚度之比 α_{sc} 两个参数，对预制混合梁端部受角位移及线位移作用时的反力大小有重要影响。

（2）通过单层单跨框架结构推导了预制混合梁框架结构的抗侧刚度，给出了 μ_s 和 α_{sc} 两个参数对框架刚度影响曲线。抗侧刚度随着参数 μ_s 的增大逐渐减小，当 μ_s 大于一定值时，此时 μ_s 的变化不会引起抗侧刚度较大改变，并收敛于梁单元为纯钢梁刚接时的抗侧刚度；此外，随着参数 α_{sc} 的增加，框架结构由梁端铰接时的抗侧刚度逐渐增大到梁单元为纯混凝土刚接时的抗侧刚度，且上升趋势为凸函数，即随着 α_{sc} 的增加抗侧刚度上升趋势逐渐减缓。

（3）削减系数 ζ 反映了水平作用下预制混合梁刚度相较于纯混凝土梁刚度被削减的程度，其范围在 $0 \sim 1$ 之间。当 α_{sc} 趋近于 0 时，ζ 趋近于 0，框架的抗侧刚度接近于梁端铰接框架；当 α_{sc} 趋近于 1 或者 α_{sc} 趋近于 0 时，ζ 趋近于 1，则可以看作刚接的均质弹性混凝土梁框架。对于多层多跨预制混合梁框架结构受水平荷载时，可利用 ζ 近似等效为均质梁框架，从而简化结构计算，在计算同层节点转角较为接近的框架结构时结果具有较高的准确性。

参考文献

[1]　Yang K H, Oh M H, Kim M H, et al. Flexural behavior of hybrid precast concrete beams with H-steel beams at both ends [J]. Engineering Structures, 2010, 32（9）: 2940-2949.

[2]　Yang K H, Seo E A, Hong S H. Cyclic flexural tests of hybrid steel-precast concrete beams with simple connection elements[J]. Engineering Structures, 2016, 118（2）: 344-356.

[3]　刘昌永, 王庆贺, 王玉银, 等. 带钢接头的装配式钢筋混凝土梁受弯性能研究 [J]. 建筑结构学报, 2013, 34（增 1）: 208-214.

[4]　赵国藩. 高等钢筋混凝土结构学 [M]. 北京：机械工业出版社, 2008.

[5]　Park R. Evaluation of ductility of structures and structural assemblages from laboratory testing

[J]. Bulletin of the New Zealand National Society for Earthquake Engineering，1989，22（3）：155-166.

[6] 中华人民共和国住房和城乡建设部 . 混凝土结构设计规范（2015 年版）: GB 50010—2010[S]. 北京：中国建筑工业出版社，2015.

[7] Yan J B，Xiong M X，Qian X，et al. Numerical and parametric study of curved steel-concrete-steel sandwich composite beams under concentrated loading[J]. Materials & Structures，2016，49（10）：3981-4001.

[8] 孙俊 . 结构力学 [M]. 重庆：重庆大学出版社，2001.

[9] 王燮山 . 用奇异函数法求解某些变截面梁的变形 [J]. 力学与实践，1984，6（4）：53-55.

[10] 朱慈勉，张伟平 . 结构力学（上册）[M]. 北京：高等教育出版社，2009：113-115.

[11] 朱慈勉，张伟平 . 结构力学（下册）[M]. 北京：高等教育出版社，2009：4-8.

[12] 翁赟，童根树 . 考虑层与层相互支援的框架层抗侧刚度 [J]. 土木工程学报，2012，45（4）：71-80.

第3章 钢节点连接预制混凝土柱抗震性能

装配式混凝土框架结构中预制混凝土柱与柱之间通常采用灌浆套筒连接，该连接技术在实际工程项目中应用较为广泛。但目前灌浆套筒连接方式存在制作和安装精度要求高、施工效率低以及灌浆质量缺乏有效检测方法等问题，因此，针对所提出的新型装配式结构体系，本书提出了适用于预制混凝土柱与柱之间的钢节点连接技术，以期改善连接节点受力性能，提高施工安装效率，保证连接节点质量。

3.1 钢节点连接预制混凝土柱

提出了一种钢节点连接预制混凝土柱，如图 3.1-1 所示，上层预制混凝土柱端部设置箱形钢节点，柱中纵筋焊接在箱形钢节点上，与下层柱的纵筋或预埋高强度螺杆采用高强度螺栓连接，连接部位设在柱身受力较小且便于施工的位置。该连接技术可实现干式连接，施工便捷，连接节点质量可靠，能够充分发挥装配式建筑施工效率高的优势。

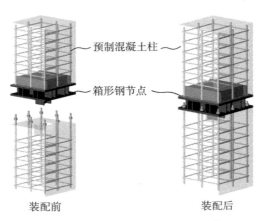

预制混凝土柱

箱形钢节点

装配前　　　　　　　　装配后

图 3.1-1　钢节点连接预制混凝土柱

3.2 试验概况

3.2.1 试件设计

试验共设计 4 个试件，包括 1 个现浇混凝土柱（XJZ1）和 3 个钢节点连接预制柱（PSC1、PSC2、PSC3），设计参数见表 3.2-1。柱截面尺寸为 400mm × 400mm，混凝土强度等级 C40；柱纵筋采用 8Φ20，箍筋直径 8mm，箍筋加密区间距 100mm，非加密区间距 150mm。试件尺寸及配筋如图 3.2-1 所示，钢节点构造详图及制作安装流程分别见图 3.2-2 和图 3.2-3。

试件编号	截面尺寸（mm）	纵筋	箍筋	试验轴压比	设计轴压比
XJZ1	400×400	8Φ20	Φ8@100/150	0.08	0.15
PSC1	400×400	8Φ20	Φ8@100/150	0.08	0.15
PSC2	400×400	8Φ20	Φ8@100/150	0.15	0.25
PSC3	400×400	8Φ20	Φ8@100/150	0.08	0.15

试件设计参数　　　　　　　　　　　　　　　　　　　　表 3.2-1

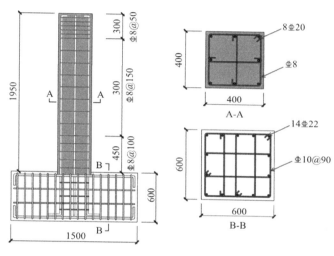

（a）试件 XJZ1

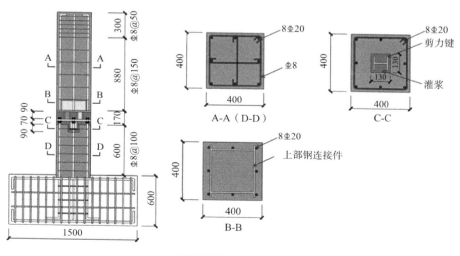

（b）试件 PSC1、PSC2

图 3.2-1　试件尺寸及配筋详图（一）

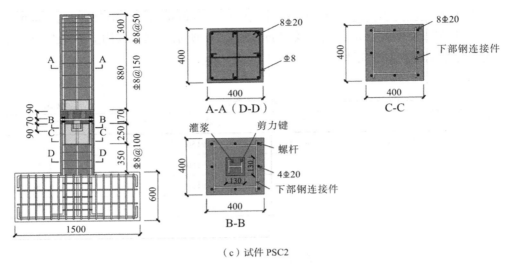

（c）试件 PSC2

图 3.2-1　试件尺寸及配筋详图（二）

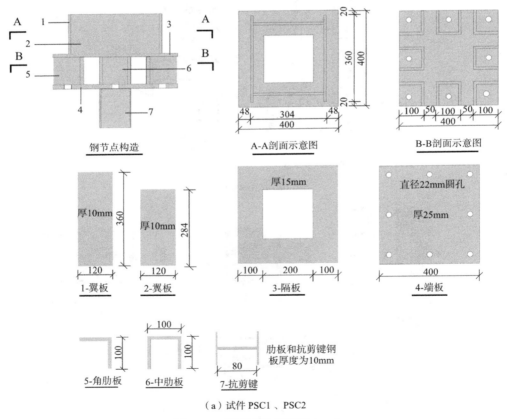

（a）试件 PSC1、PSC2

图 3.2-2　钢节点构造详图（一）

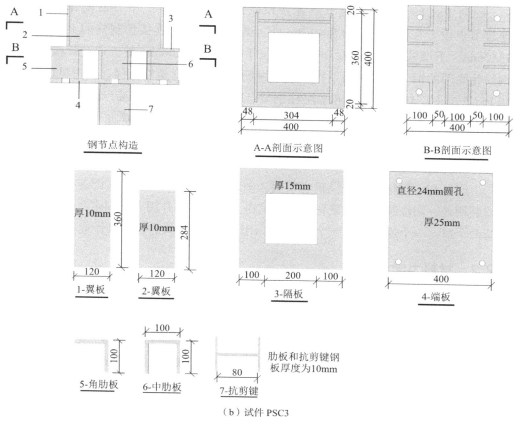

钢节点构造

A-A剖面示意图

B-B剖面示意图

1-翼板

2-翼板

3-隔板

4-端板

5-角肋板

6-中肋板

7-抗剪键

肋板和抗剪键钢板厚度为10mm

（b）试件 PSC3

图 3.2-2 钢节点构造详图（二）

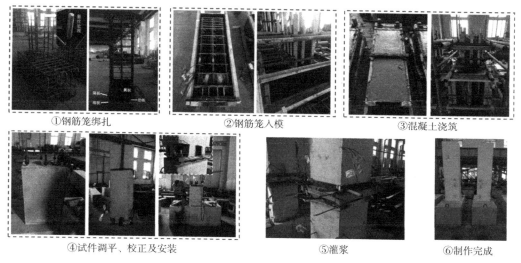

①钢筋笼绑扎

②钢筋笼入模

③混凝土浇筑

④试件调平、校正及安装

⑤灌浆

⑥制作完成

图 3.2-3 制作流程

　　试件 PSC1 ~ PSC3 为钢节点连接预制柱，考虑到施工中方便操作，柱－柱连接节点设置在楼面以上 0.5 ~ 1.2m 处。试验中钢节点连接预制柱的上层柱高为 1350mm，下层柱高 600mm，连接节点位于柱底以上 600mm 处。通过焊接在上柱钢筋笼底部的钢节点和伸出下柱表面的纵筋进行高强度螺栓连接，其中试件 PSC1 和 PSC2 的下层柱伸出纵筋和上层柱钢节点采用高强度螺栓连接，试件 PSC3 下层柱伸出高强度螺杆和上柱钢节点采用高强度螺栓连接，高强度螺杆与下柱纵筋分别焊接在钢板上，钢板高度满足焊缝长度要求，高强度螺杆和钢筋与钢板通过角焊缝焊接，焊缝长度为 110mm。

　　上层柱和下层柱接缝处设置坐浆层，坐浆层厚度为 40mm，装配连接后与键槽及安装槽处一同浇筑高强灌浆料。灌浆前在节点区支模并用夹具固定，每个灌浆区域留两个口，一个进浆，另一个出浆，采用压力灌浆方式进行灌浆作业。

3.2.2　材料力学性能

　　混凝土浇筑时预留 6 个边长为 150mm 的标准立方体试块，与试件同条件养护并于试验时进行抗压强度试验，实测混凝土抗压强度平均值为 46.6MPa。高强灌浆料力学性能按《水泥基灌浆材料应用技术规范》GB/T 50448—2008[1] 要求进行，灌浆时预留 3 个尺寸为 40mm × 40mm × 160mm 的标准试块，实测高强灌浆料抗压强度平均值为 57.8MPa。钢材采用 Q355B，纵筋和箍筋采用 HRB400 钢筋，钢材和钢筋实测力学性能指标如表 3.2-2 所示。

钢材力学性能　　　　　　　　　　　　　　　　　　表 3.2-2

规格	f_y（MPa）	f_u（MPa）	δ（%）
⚡8 钢筋	405	578	21
⚡20 钢筋	445	572	18
直径 22 mm 螺杆	846	1 145	10
10 mm 厚钢板	365	470	26
15 mm 厚钢板	352	473	27
25 mm 厚钢板	320	450	25

3.2.3　试验装置与加载制度

　　试验加载装置如图 3.2-4 所示。竖向荷载和水平荷载均通过千斤顶施加，柱总高 1950mm，柱顶夹具高 300mm，加载点至柱底的高度为 1800 mm。柱顶 300mm 范围内箍筋加密，以防止柱头承压部位出现局压破坏。

　　试验加载制度采用荷载－位移混合控制。屈服前采用荷载控制，以 20kN 为一级，每级荷载循环 1 次；屈服后采用位移控制，分别以 $1\Delta_y$、$2\Delta_y$、$3\Delta_y$ 依次加载，每级加载循环 2 次。当水平荷载下降至峰值荷载的 85% 以下时终止加载。

图 3.2-4　试验加载装置

3.2.4　测点布置及量测内容

主要量测内容包括：加载点水平荷载及位移、沿柱身高度范围的水平位移、支座位移、节点区附近钢筋应变和柱底钢筋应变等。

所有试件均在柱顶加载点处布置位移计，以量测柱顶水平位移。沿柱高布置 4 个位移计，间距 350mm，量测试件在加载过程中柱身侧向变形；在支座顶面和侧面布置位移计，监测地梁的水平位移和转动变形。位移计布置如图 3.2-5 所示。

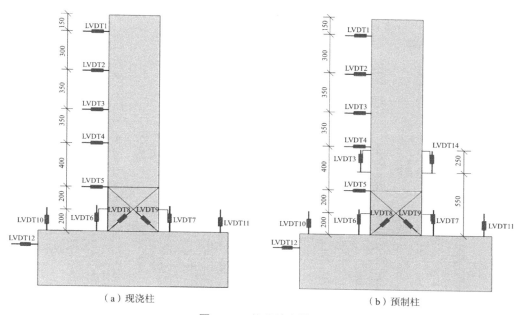

（a）现浇柱　　　　　　　　　　　（b）预制柱

图 3.2-5　位移计布置图

现浇柱试件 XJZ1 在根部的纵筋和箍筋布置应变片。纵筋应变片在柱角部和中部纵筋对称布置，距地梁顶面 150mm，在柱根部以上的两道箍筋上布置应变片。钢节点连接预制柱试件 PSC1、PSC2 和 PSC3 除在根部布置和现浇柱相同的应变片外，在钢节点上下区域的纵筋和箍筋分别布置应变片，纵筋应变片位于节点上下 150mm 处。应变片布置如图 3.2-6 所示。

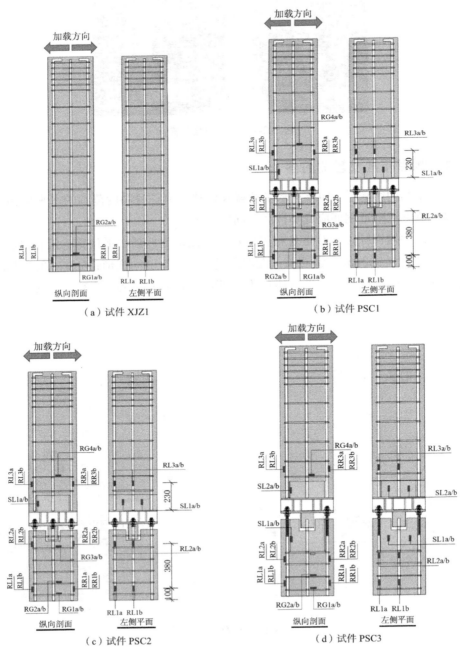

图 3.2-6　应变片布置图

3.3 试验现象及破坏形式

3.3.1 试验现象

1. 试件 XJZ1

以千斤顶外推为正向，内拉为负向。正向加载至 67kN 时，右侧距离柱底 100mm 和 200mm 处出现两条细微弯曲裂缝；负向加载至 70kN 时，左侧相同高度位置出现两条细微弯曲裂缝。正向加载至 100kN 时，柱底出现多条弯曲裂缝，裂缝分布高度扩展至距柱底 800mm 高范围内。

加载至 $2\Delta_y$ 时，裂缝开始斜向延伸并交叉，裂缝扩展至柱底 1100mm 高范围内，此时左侧距柱底 100mm 处弯曲裂缝宽度为 0.25mm，裂缝数量达到最多，后期无新增裂缝出现。随着加载继续，已有裂缝继续延伸且宽度增大。加载位移达到 21～22mm 时，水平荷载达到峰值 168.06kN，左右两侧距柱根部 50mm 处弯曲裂缝宽度已增大至 0.7mm，承载力不再增加，进入下降阶段。

加载至 $4\Delta_y$ 时，左侧距柱底 150mm 的裂缝宽度增大至 1.0mm，右侧距柱底 100mm 处的裂缝宽度增大至 1.2mm。加载至 $5\Delta_y$ 时，柱底受压侧混凝土出现轻微压碎剥落现象，右侧距柱底 100mm 处的弯曲裂缝宽度增大至 1.6mm，随着位移继续增加，左右两侧距柱底 200mm 处弯曲裂缝宽度增大至 1.2mm。加载至 $8\Delta_y$ 时，柱底混凝土压碎现象明显，纵筋外露，柱根部弯曲裂缝宽度增大至 2.0mm。加载继续，柱底混凝土压碎脱落明显，剥落面积增大。加载至 $10\Delta_y$ 时，柱底纵筋屈曲，承载力下降至峰值荷载 85% 以下，加载结束，最终破坏形态及裂缝分布如图 3.3-1 所示。

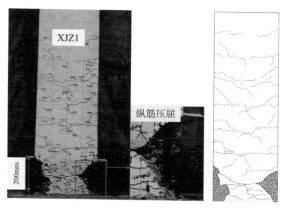

图 3.3-1 试件 XJZ1 最终破坏形态及裂缝分布

2. 试件 PSC1

正向加载至 72.05kN 时，右侧距柱底 250mm 处出现第一条细微弯曲裂缝；负向加载至 80.27kN 时，左侧距柱底 180mm 处出现弯曲裂缝。随着荷载继续增加，弯曲裂缝分布范围不断扩展。加载至 100kN 时，弯曲裂缝分布高度约 700mm，裂缝间距约 200mm，端板与灌浆料接触面开始轻微脱开，柱顶位移 7.27mm。

正向加载至 $1\varDelta_y$ 时，钢节点端板和灌浆料接触面处出现细微竖向裂缝。继续加载，弯曲裂缝分布高度增加且宽度增大，并开始斜向延伸。加载至 $3\varDelta_y$ 时，柱中斜裂缝开始交叉，钢节点区域灌浆料与肋板及隔板界面处出现细微裂缝。端板与灌浆料接触面下方已有竖向裂缝继续延伸，裂缝长度约 100mm，两侧距柱底 100mm 处的弯曲裂缝宽度增大至 0.25mm。柱顶位移在 22 ~ 25mm 之间时，水平荷载达到峰值 177.83kN，左右两侧距柱底 100mm 高度处的弯曲裂缝宽度增大至 0.7mm，承载力不再增加，进入下降阶段。

加载至 $4\varDelta_y$ 时，灌浆料与端板及下柱混凝土交界面处沿柱周边出现水平细微裂缝，端板和灌浆料间的水平裂缝宽度为 0.5mm。加载至 $5\varDelta_y$ 时，左侧距柱底 100mm 处已有弯曲裂缝宽度增大至 1.4mm，端板和下段柱界面处的水平裂缝宽度开始减小。加载至 $7\varDelta_y$ 时，左右两侧距柱底 100mm 弯曲裂缝宽度均达到 2.0mm，受压侧混凝土开始轻微压碎脱落。加载至 $9\varDelta_y$ 时，混凝土压碎现象明显，纵筋外露。加载位移达到 $12\varDelta_y$ 时，柱底混凝土压溃现象严重，混凝土大面积剥落，纵筋屈曲，水平荷载下降至峰值荷载的 85%，加载结束。

加载结束时，钢节点区域无明显破坏，肋板处无明显变形，凿开节点区螺栓附近的灌浆料，可看到螺栓区域基本完好，未出现滑移、丝扣损坏等现象，表明螺栓连接可保证连接处保持良好工作性能，可靠地传递纵筋应力，最终破坏形态及裂缝分布如图 3.3-2 所示。

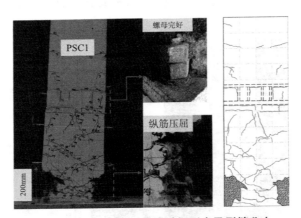

图 3.3-2　试件 PSC1 最终破坏形态及裂缝分布

3. 试件 PSC2

正向加载至 74.62kN，右侧距柱底 200mm 处出现第一条细微水平弯曲裂缝。负向加载至 82kN 时，左侧柱根部出现细微弯曲裂缝。正向加载至 100kN 时，弯曲裂缝分布高度扩展到距柱底 500mm 范围内，柱顶位移达到 5.72mm。

加载至 $1\varDelta_y$ 时，钢节点肋板和端板与灌浆料界面处均出现细微裂缝，正面端板下方出现竖向劈裂裂缝。加载至 $2\Delta_y$ 时，已有水平弯曲裂缝沿 45° 方向斜向延伸，弯曲裂缝分布扩展至距柱底 1100mm 范围内，弯曲裂缝间距约 200mm。加载至 $3\Delta_y$ 时，右侧距柱底 100mm 高度处的弯曲裂缝宽度增大至 0.2 mm，弯曲裂缝宽度增大至 0.3mm，斜裂缝延伸交叉，无新增裂缝。加载至 $4\Delta_y$ 时，左右两侧距柱底 100mm 处水平弯曲裂缝宽度达到 0.9mm，端板与灌浆料接触面的裂缝宽度增大至 0.6mm，荷载达到峰值 193.77kN。

加载至 $5\Delta_y$ 时，左右两侧柱底弯曲裂缝最大宽度达到 1.2mm。加载至 $6\Delta_y$ 时，受压侧混凝土轻微剥落。随着柱顶位移继续增大，受压侧混凝土压碎剥落面积逐渐增大，原有裂缝宽度不断增加，左右两侧距柱底 100mm 处水平弯曲裂缝宽度增大至 1.8mm。柱顶位移达到 $8\Delta_y$ 时，纵筋开始外露。继续加载至 $10\Delta_y$ 时，受压区混凝土大面积压溃剥落，纵筋压屈，水平荷载下降至峰值荷载 85% 以下，加载结束。

试验加载结束后，节点区域未发生明显破坏，端板与下柱界面处无裂缝。将螺母附近的高强灌浆料凿开后，可以发现螺栓连接处保持完好，没有出现松动、裂纹等现象，表明钢节点连接可靠，最终破坏形态及裂缝分布如图 3.3-3 所示。

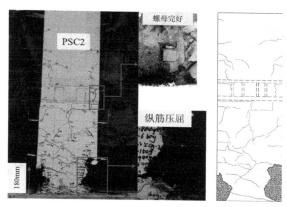

图 3.3-3 试件 PSC2 最终破坏形态及裂缝分布

4. 试件 PSC3

正向加载至 81.02kN 时，试件右侧距柱底 100mm 和 300mm 处出现两条细微水平裂缝。负向加载至 74.23kN 时，柱左侧距离柱底 100mm 和 300mm 高度处出现两条细微水平弯曲裂缝。正向加载至 100kN 时，钢节点范围内沿肋板和灌浆料接触面出现细微裂缝，灌浆料与下段钢节点连接预制柱混凝土交界面处沿柱周围出现水平裂缝，钢节点端板下方出现竖向劈裂裂缝，柱顶位移达到 7.49mm。

加载至 $1\Delta_y$ 时，柱左右两侧水平裂缝分布高度增加，扩展至距柱底 1100mm 高范围内，此时下柱钢板箍范围内出现两条竖向裂缝，水平裂缝斜向延伸。加载至 $2\Delta_y$ 时，左右两侧距柱底 100mm 处的弯曲裂缝宽度达 0.3mm。

加载至 $3\Delta_y$ 时，柱底左右两侧水平弯曲裂缝宽度达到 0.9mm。加载至 $4\Delta_y$ 时，柱底左右两侧水平弯曲裂缝宽度增大到 1.4mm，端板与灌浆料界面处裂缝张开宽度达到 0.5mm，柱顶水平荷载达到峰值 185.2kN。加载至 $6\Delta_y$ 时，柱底受压侧混凝土开始轻微剥落，左右两侧距柱底 100mm 处的弯曲裂缝宽度最大达到 1.6mm。加载位移达到 $9\Delta_y$ 时，受压区混凝土压碎现象明显，剥落面积增大，纵筋外露。继续加载至 $11\Delta_y$ 时，柱底混凝土大面积压溃，纵筋压屈，荷载下降至峰值荷载 85% 左右，加载结束。

加载结束后，检查节点区，未发现裂缝和明显变形，最终破坏形态及裂缝分布如图 3.3-4 所示。

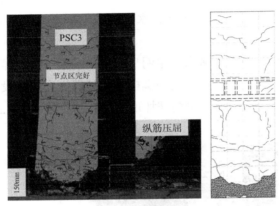

图 3.3-4　试件 PSC3 最终破坏形态及裂缝分布

3.3.2　破坏形式

对比分析 4 个试件破坏过程及最终破坏形态可知：

（1）现浇柱试件和 3 个钢节点连接预制柱试件均发生压弯破坏。最终破坏时，柱受压侧混凝土压溃脱落，纵筋屈服，塑性铰高度基本一致。

（2）所有试件加载初期均在两侧底部出现细微弯曲裂缝，随着荷载继续增大，弯曲裂缝数量增加且宽度增大，弯曲裂缝开始斜向延伸并交叉。屈服后，已有裂缝宽度持续增加，且柱受压侧混凝土开始轻微脱落，此后随着加载的继续进行，混凝土压碎现象更加明显。最终破坏时，柱底受压侧混凝土大面积压碎剥落，纵筋压曲，各试件破坏形态基本一致。

（3）钢节点连接预制柱和现浇柱在加载过程中的裂缝开展情况有所不同，试件 PSC1 和 PSC2 钢筋采用高强度螺栓连接，在钢节点端板和下段柱的交界面处出现竖向劈裂裂缝，这是由于钢节点端板的抗剪键对混凝土的压力和剪力共同作用而导致的，现浇柱在相同位置处均为水平裂缝和斜裂缝。试件 PSC3 由于下柱钢板箍的存在，增大了试件在此范围的抗弯刚度，钢节点高度范围内未出现弯曲裂缝。

3.4 试验结果与分析

3.4.1 滞回曲线

如图 3.4-1 所示为试件荷载 – 位移滞回曲线。对比各试件滞回曲线可知:

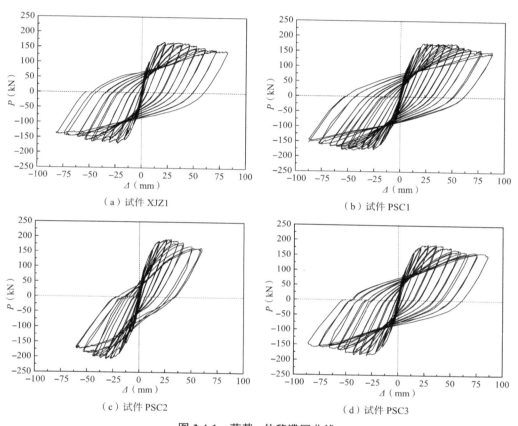

图 3.4-1 荷载 - 位移滞回曲线

（1）4个试件的滞回曲线相似。加载初期，荷载 – 位移曲线表现为直线，加载和卸载刚度基本不变，卸载后几乎没有残余变形，滞回环面积很小。柱身出现裂缝后，卸载后的残余变形逐渐增大，开始表现出弹塑性特征。随着柱顶位移的持续增加，试件刚度不断减小，滞回环形状更加饱满且面积增大。柱顶水平荷载达到峰值荷载后，试件加载刚度和卸载刚度均开始明显退化，此时滞回环形状近似为弓形，表明在破坏阶段仍有较好的耗能能力。

（2）试件 PSC1 和 PSC3 滞回曲线的饱满程度与现浇柱试件 XJZ1 相当，在达到峰值荷载后，水平荷载的下降速率均较慢，具有良好的耗能能力。

（3）试件 PSC1 和试件 PSC2 表现出不同的滞回性能。较高轴压比试件 PSC2相比试件 PSC1 的峰值荷载提高约 10%。但试件 PSC2 滞回曲线在相同加载阶段不够饱满，滞回环面积更小，达到峰值荷载后水平荷载下降速率较快，最终破坏时的水平位移较小。

3.4.2　骨架曲线

骨架曲线及对比如图 3.4-2 所示，特征点荷载见表 3.4-1，其中屈服荷载采用 Park 法[2]确定，极限荷载为峰值荷载的 85%。

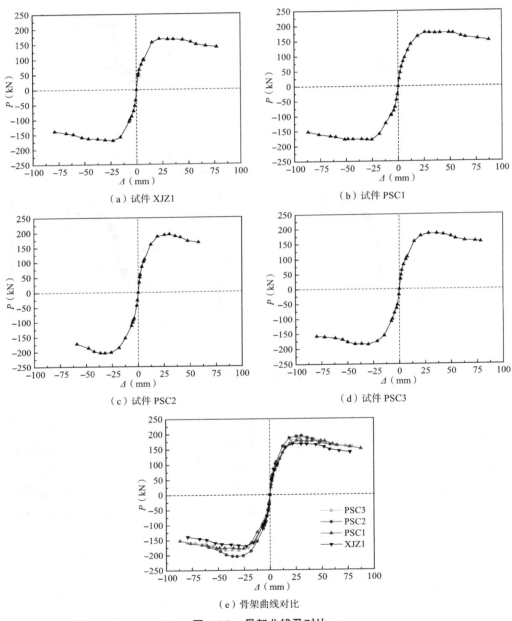

（a）试件 XJZ1

（b）试件 PSC1

（c）试件 PSC2

（d）试件 PSC3

（e）骨架曲线对比

图 3.4-2　骨架曲线及对比

特征点荷载　　　　　　　　　　　　　　　　　　　　　表 3.4-1

试件编号	加载方向	开裂点		屈服点		峰值点		破坏点		延性系数
		P_{cr} (kN)	Δ_{cr} (mm)	P_y (kN)	Δ_y (mm)	P_m (kN)	Δ_m (mm)	P_u (kN)	Δ_u (mm)	
XJZ1	正向	66.23	2.77	152.17	14.46	168.06	21.99	142.85	69.02	4.86
	负向	70.36	2.88	145.75	14.91	169.84	22.96	143.21	71.56	
PSC1	正向	72.49	3.83	150.43	15.12	177.83	25.82	150.43	87.63	5.12
	负向	80.04	4.19	159.43	18.65	177.88	25.57	152.41	85.57	
PSC2	正向	74.62	2.88	167.22	14.23	193.77	30.41	164.70	58.79	3.91
	负向	82.00	3.35	175.17	16.46	203.88	31.95	173.29	58.26	
PSC3	正向	81.02	4.14	162.73	15.67	185.20	28.46	157.56	78.92	5.03
	负向	74.23	3.79	159.94	16.07	184.31	30.14	156.67	80.74	

由图 3.4-2 和表 3.4-1 可知：

（1）各试件的骨架曲线形状相似。初始加载阶段，荷载－位移曲线近似线性；随着柱顶位移增大，试件进入弹塑性阶段，刚度减小，4 个试件在正负向加载时均出现了下降。加载后期柱底混凝土压溃、纵筋屈曲，试件承载力降低。

（2）相同轴压比下，试件 PSC1 和试件 PSC3 的骨架曲线发展趋势和现浇柱试件 XJZ1 基本一致，峰值荷载前刚度无明显区别。试件 PSC1 和 PSC3 的峰值荷载相比试件 XJZ1 分别提高约 5.81% 和 9.4%，这是由于试件 PSC1 上层柱钢节点的存在导致下段钢节点连接预制柱混凝土受压更为充分，混凝土横截面受压区高度现浇柱更大。试件 PSC3 下层钢节点连接预制柱钢节点对混凝土产生约束作用，承载力略有提高。

（3）相比轴压比较低的试件 PSC1，试件 PSC2 的峰值荷载提高约 10%，但达到峰值荷载后承载力下降较快，表明随着轴压比增加，钢节点连接预制柱的变形能力降低。

3.4.3　延性性能

用延性系数[2]来评价试件的延性性能。各试件延性系数见表 3.4-1。由表可知，4 个试件延性系数均大于 3，属于延性破坏范畴。相同轴压比下，钢节点连接预制柱试件 PSC1 和 PSC3 的延性系数略大于现浇混凝土柱，相差在 5% 以内，表明钢节点连接预制柱的延性与现浇柱相当。试件 PSC1 和 PSC3 的延性系数无明显差别，表明钢节点连接预制柱的延性无明显变化。由于轴压比较大，试件 PSC2 破坏时极限位移减小，延性变差。总体来说，钢节点连接预制柱的延性性能与现浇柱基本一致。

3.4.4　耗能能力

用能量耗散系数[3]来评价试件的耗能能力。每级加载选取第一个循环的滞回环进行计算，得到 4 个试件各级加载的能量耗散系数曲线如图 3.4-3 所示，特征点处的能量耗散系数见表 3.4-2。

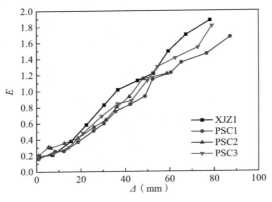

图 3.4-3　能量耗散系数

特征点处能量耗散系数　　　　　表 3.4-2

试件编号	E		
	屈服点	峰值点	破坏点
XJZ1	0.364	0.585	1.739
PSC1	0.339	0.512	1.649
PSC2	0.388	0.645	1.214
PSC3	0.342	0.691	1.812

由图表可知，各试件能量耗散系数在加载过程中的增长趋势基本一致。相同轴压比下，钢节点连接预制柱试件 PSC1 和 PSC3 的能量耗散系数和现浇柱试件 XJZ1 的能量耗散系数在加载过程中各特征点处相差小于 9%，现浇柱和钢节点连接预制柱的耗能能力相当。钢节点连接预制柱试件耗能能力变化不大，节点区构造相同的钢节点连接预制柱 PSC1 和 PSC2，由于后者轴压比较高，破坏点时能量耗散系数较试件 PSC1 低 26.3%。

3.4.5　刚度退化

采用割线刚度[4]来反映试件在加载过程中刚度的退化规律。图 3.4-4 给出了 4 个试件的刚度退化曲线，特征点刚度见表 3.4-3。

由图 3.4-4 和表 3.4-3 可知：①各试件刚度退化规律基本一致，刚度退化速率随着柱顶水平位移增加不断减小，屈服后表现尤为明显；②轴压比相同的现浇柱试件 XJZ1 和钢节点连接预制柱试件 PSC1、PSC3 在整个加载过程中刚度退化速率基本一致，表明在截面尺寸和配筋相同的情况下，钢节点连接预制柱和现浇柱刚度退化特性相当；③对不同轴压比的试件 PSC1 和试件 PSC2，后者在加载初期的刚度退化速率相对较小，随着柱顶水平位移的增加，试件 PSC1 和试件 PSC2 的刚度退化速率趋于一致，试件 PSC2 的刚度在各特征点处均大于试件 PSC1。

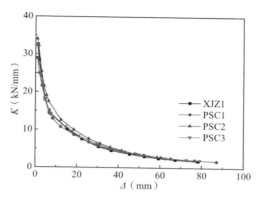

图 3.4-4　刚度退化曲线

特征点刚度　　　　　　　　　　　　　　　　　　　　表 3.4-3

试件编号	K_{cr}（kN/mm）	K_y（kN/mm）	K_m（kN/mm）	K_u（kN/mm）
XJZ1	24.07	10.14	7.52	1.93
PSC1	18.95	9.17	6.92	1.75
PSC2	25.45	11.16	6.38	2.88
PSC3	19.55	10.17	6.31	1.96

注：K_{cr} 为开裂刚度；K_y 为屈服刚度；K_m 为峰值荷载点刚度；K_u 为破坏点刚度。

3.4.6　承载力退化

为分析试件承载力随循环次数增加而逐渐降低的特性，采用承载力降低系数 λ_2 来评估试件承载力退化程度：

$$\lambda_2 = \frac{P_{i,2}}{P_{i,1}} \tag{3.4-1}$$

式中：$P_{i,2}$——第 i 级加载时第 2 次循环的峰值荷载；

$P_{i,1}$——第 i 级加载时第 1 次循环的峰值荷载。

承载力降低系数曲线如图 3.4-5 所示。由图可知，随着加载级数增加，试件承载力退化现象略微加剧，这是由于混凝土损伤持续累积，致使试件柱顶水平荷载在同级加载中持续减小。4 个试件的承载力退化均不明显，每级位移加载的第二循环水平承载力都能达到第一循环水平承载力的 95% 以上，表明现浇柱和钢节点连接预制柱试件均有较为稳定的承载力退化特性。总体来说，现浇柱和钢节点连接预制柱在整个加载过程中都表现出稳定的承载力退化性能，承载力退化规律基本一致。

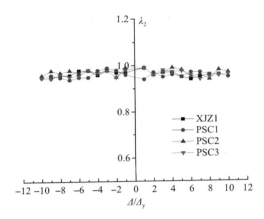

图 3.4-5 承载力降低系数曲线

3.4.7 应变分析

1. 纵筋应变

图 3.4-6 给出了 4 个试件在加载过程中节点区上下两道纵筋应变片在加载过程中应变随柱顶荷载的发展规律。由图可知，节点区上下纵筋应变在加载过程中发展规律有相似性。加载初期，试件未出现裂缝，钢节点上下的纵筋应变较小。随着水平荷载增加，上下两道纵筋应变均不断增大，节点区下方纵筋由于截面弯矩较大和水平裂缝宽度增加，纵筋应变明显比节点区上方纵筋应变增长快。节点区上下两道纵筋应变在试件屈服后未达到峰值荷载时均开始下降，这是由于试件屈服后，受压侧混凝土逐渐压碎脱落，柱底塑性铰区转动变形增大，纵筋变形主要集中在塑性铰区，塑性铰以上区域纵筋应变不再增加反而减小。

通过纵筋应变发展规律可知，普通纵筋螺栓连接钢节点连接预制柱和高强度螺杆螺栓连接钢节点连接预制柱两种形式均能够实现纵筋应力的可靠传递。

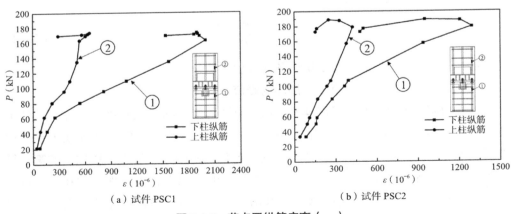

（a）试件 PSC1　　　　　　　　　（b）试件 PSC2

图 3.4-6 节点区纵筋应变（一）

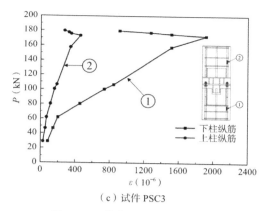

（c）试件 PSC3

图 3.4-6 节点区纵筋应变（二）

2. 箍筋应变

距柱底 150mm 处荷载－箍筋应变关系曲线如图 3.4-7 所示。由于本试验中所有试件均为"强剪弱弯"设计，试件破坏形式为弯曲破坏，柱底箍筋应变值均没有达到屈服应变，符合设计预期，3 个钢节点连接预制柱试件的柱底箍筋应变随着加载的进行，发展规律具有相似性。因此在钢节点连接预制柱的设计过程中，箍筋的配置可按现浇柱的计算方法，满足"强剪弱弯"要求。

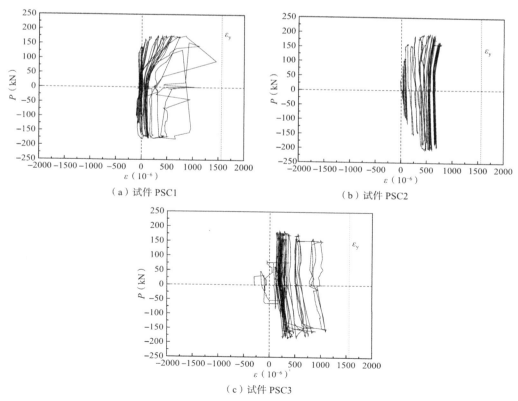

（a）试件 PSC1　　　　　　　　　（b）试件 PSC2

（c）试件 PSC3

图 3.4-7 距柱底 150mm 处荷载－箍筋应变关系曲线

3. 钢板应变

图 3.4-8 给出了 3 个钢节点连接预制柱试件钢节点的翼板和钢板箍位置的应变发展情况。由图可知，3 个试件钢节点翼板以及试件 PSC3 下部用来归并纵筋的钢板上的应变在整个试验加载过程中均保持弹性状态，未达到屈服应变，翼板和钢板箍保持弹性能够避免试件在节点区发生较大的弯曲变形和转角，近似于刚性连接，同时也能够避免节点区产生过多的裂缝，保证"强节点"设计原则的实现。

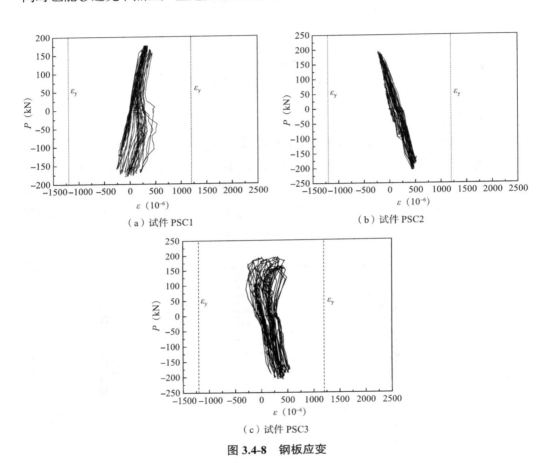

（a）试件 PSC1　　　　　　　　　（b）试件 PSC2

（c）试件 PSC3

图 3.4-8　钢板应变

3.4.8　变形分析

1. 柱身水平位移

通过沿柱高方向布置的 5 个位移计得到各特征荷载点处的柱身水平位移。以测点水平位移为横坐标，测点距离柱底高度为纵坐标，得到各特征荷载点处沿柱高方向的水平位移分布如图 3.4-9 所示。由图可知，所有试件在加载过程中各个特征荷载点处的柱身水平位移分布规律基本一致。加载初期，柱顶水平荷载较小，试件处于弹性状态，柱身各测点的水平位移基本呈线性分布。试件达到屈服状态后，开始表现出弹塑性特征，各测点的水平位移不再按线性分布，距离柱底越高的测点相对位移越大。随着柱顶水平位移的继续增加,试件的弯曲变形特征也表现得愈发明显。距离柱底450mm以上区域柱身水平位移与柱底450mm以内的水平位移差值增大,这是因为试件弯曲变形主要集中在柱底塑性铰附近,塑性铰区域以上弯曲变形相对不明显。

根据柱身水平位移分布规律可知,柱身水平位移分布曲线无明显拐点,表明钢节点连接预制柱在节点区没有发生明显的转角变形。总体来说,钢节点连接预制柱和现浇柱在反复荷载作用下具有相似的柱身水平位移分布特征。

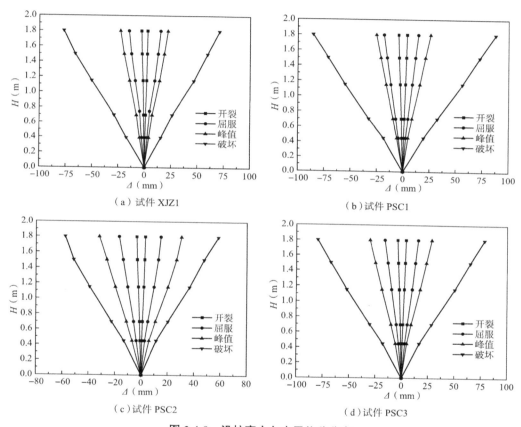

图3.4-9　沿柱高方向水平位移分布

2. 塑性铰区弯曲变形

对于以弯曲破坏为主的混凝土柱试件,柱底塑性铰区的弯曲性能对试件整体受力性能影响较大。试验中对4个试件的柱底塑性铰区弯曲变形进行了量测,柱底塑性铰区位移计布置如图3.4-10所示。

根据试验过程中测量得到相关数据计算得到各试件塑性铰区弯矩 M_{pl} 与转角 θ_{pl},表达式如下:

$$M_{pl}=PH_n+N\Delta \tag{3.4-2}$$

$$\theta_{pl} = \frac{\delta_6 + \delta_7}{L_{67}} \tag{3.4-3}$$

式中：L_{67}——位移计 LVDT6 和 LVDT7 的水平距离；

　　　H_n——水平荷载加载中心点到柱底的距离；

　　　δ_6、δ_7——位移计 LVDT6 和 LVDT7 的位移。

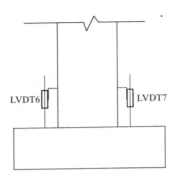

图 3.4-10　柱底塑性铰区位移计布置

对弯曲破坏的柱，柱顶水平总位移主要由塑性铰区弯曲变形引起。塑性铰区弯曲变形引起的柱顶水平位移 Δ' 在柱顶总的水平位移中所占比例 η 可按下式计算：

$$\eta = \frac{\Delta'}{\Delta} = \frac{\theta_{pl}(L - 0.5L_p)}{\Delta} \tag{3.4-4}$$

式中：θ_{pl}——塑性铰区的转角；

　　　L_p——测点到柱底的距离。

4 个试件塑性铰区弯矩与转角的曲线如图 3.4-11 所示，各特征点处的塑性铰区转角以及塑性铰弯曲变形引起的柱顶水平位移占总的水平位移比例见表 3.4-4。

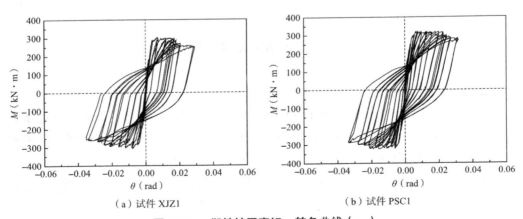

（a）试件 XJZ1　　　　　　　　　　（b）试件 PSC1

图 3.4-11　塑性铰区弯矩-转角曲线（一）

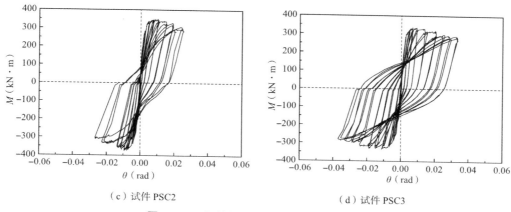

（c）试件 PSC2 （d）试件 PSC3

图 3.4-11 塑性铰区弯矩 - 转角曲线（二）

塑性铰区弯曲性能 表 3.4-4

试件编号	屈服点			峰值点			破坏点		
	θ_y（rad）	Δ_p（mm）	η（%）	θ_m（rad）	Δ_m（mm）	η（%）	θ_u（rad）	Δ_u（mm）	η（%）
XJZ1	3.84×10^{-3}	6.43	44.29	7.33×10^{-3}	12.28	51.86	2.93×10^{-2}	48.58	68.68
PSC1	4.17×10^{-3}	6.98	44.74	7.33×10^{-3}	12.37	49.37	3.26×10^{-2}	57.23	67.12
PSC2	3.27×10^{-3}	5.48	37.60	6.01×10^{-3}	16.86	55.45	2.42×10^{-2}	40.69	69.74
PSC3	3.23×10^{-3}	5.42	33.47	6.67×10^{-3}	11.18	39.30	3.60×10^{-2}	58.22	74.15

由图 3.4-11 及表 3.4-4 可知：

（1）各试件塑性铰区弯矩 - 转角曲线发展规律基本一致。屈服前，塑性铰区转角较小，随着加载继续，塑性铰区转角增大，达到峰值荷载后增大明显，其主要原因为柱底混凝土塑性铰已充分开展，导致塑性铰区转角急剧增大，各试件柱底塑性铰区弯曲变形引起的柱顶位移在总位移中所占比例持续增加。

（2）相同轴压比下，钢节点连接预制柱试件 PSC1 和现浇柱试件 XJZ1 的塑性铰区弯曲性能相当，各个受力状态下的塑性铰区转角和由塑性铰区弯曲变形引起的柱顶位移在总水平位移中所占比例均差异很小。试件 PSC3 在峰值荷载前柱底塑性转角和塑性铰区弯曲变形引起的柱顶位移在总水平位移中所占比例均比其他试件小。达到破坏状态时，试件 PSC3 柱底转角和弯曲变形引起的位移在总水平位移中所占比例均最大，这是由于试件 PSC3 下层柱中钢板箍的存在增大了下部柱的抗弯刚度，导致峰值荷载之前下层柱的弯曲裂缝相对较少，柱底塑性铰形成后，变形主要集中在柱底塑性铰区范围内，塑性铰区以上部位弯曲裂缝开展缓慢。

（3）对钢节点连接预制柱试件 PSC1 和 PSC2，后者由于轴压比较大，各个特征荷载点处的塑性铰区转角较小，柱底弯曲变形能力变差。达到极限状态时，试件 PSC2 柱底塑性铰区弯曲变形引起的水平位移占柱顶总水平位移的比例未有明显降低，表明提高钢节点连接预制柱的轴压比并不会影响极限状态时弯曲变形占总变形的比例。

3. 钢节点连接区域弯曲变形

钢节点连接预制柱由于存在钢和混凝土或者灌浆料两种不同材料的交界面，在较大的水平荷载作用下，交界面处会出现张开脱离现象，为对试验过程中端板和灌浆料之间的裂缝发展进行量测，在交界面上下各 120 mm 处设置位移计，测量钢节点连接区范围的弯曲转角，该区域位移计布置如图 3.4-12 所示。

钢节点连接区的弯矩 – 转角曲线如图 3.4-13 所示，3 个钢节点连接预制柱试件在各个特征点处的节点弯曲转角以及弯曲变形引起的水平位移占总水平位移的比例见表 3.4-5。

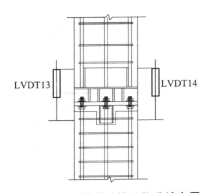

图 3.4-12　钢节点连接区位移计布置

试件编号	屈服点			峰值点			破坏点		
	θ_y（rad）	Δ_y（mm）	η（%）	θ_m（rad）	Δ_m（mm）	η（%）	θ_u（rad）	Δ_u（mm）	η（/%）
PSC1	1.21×10^{-3}	1.31	8.47	3.02×10^{-3}	3.26	6.62	3.46×10^{-3}	3.74	4.27
PSC2	1.80×10^{-3}	1.94	13.32	3.38×10^{-3}	3.82	12.55	3.85×10^{-3}	4.15	7.13
PSC3	2.23×10^{-3}	2.41	15.01	2.84×10^{-3}	3.07	10.81	2.72×10^{-3}	2.92	3.73

钢节点连接区域弯曲变形　　　　表 3.4-5

由图表可知：

（1）在整个加载过程中，3 个钢节点连接预制柱钢节点连接区的弯曲转角逐渐增加但均维持在较低水平，钢节点连接区未发生较明显的转角和变形。此外，钢节点连接区弯曲变形引起的柱顶水平位移在总水平位移中占比随着加载进行逐渐降低，其原因为加载后期柱底塑性铰区域弯曲变形发展充分。

（2）试件 PSC2 钢节点连接区弯曲变形以及钢节点连接区弯曲变形引起的柱顶水平位移比例均比试件 PSC1 和 PSC3 略大，其原因为试件 PSC2 在各特征点处荷载更大，端板和下段钢节点连接预制柱交界面间的裂缝宽度更大，导致弯曲变形增大明显。

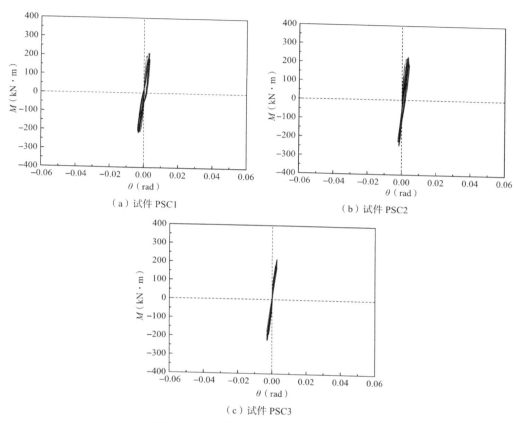

（a）试件 PSC1　　　　　　　　　　（b）试件 PSC2

（c）试件 PSC3

图 3.4-13　钢节点连接区弯矩 - 转角曲线

3.5　小结

（1）钢节点连接预制柱和现浇混凝土柱呈现出典型的压弯破坏特征，柱底出现塑性铰，混凝土压溃剥落，纵筋屈曲外露。

（2）相同轴压比下，钢节点连接预制柱承载力较现浇柱略高，位移延性和耗能能力与现浇柱相当。整个加载过程中，钢节点连接预制柱和现浇柱的刚度退化和承载力退化规律基本一致。随着轴压比的增加，峰值承载力提高，但延性与耗能能力降低。

（3）钢节点连接预制柱试件节点区上下 150mm 处的纵筋应变在加载过程中发展规律基本一致，钢节点能够可靠地传递上下层柱纵筋应力。柱底箍筋应变均未达到屈服，满足"强剪弱弯"的设计要求。钢节点的翼板和钢板箍应变均未达到屈服，表明钢节点在加载过程中保持弹性状态，满足"强节点"的要求。

（4）钢节点连接预制柱和现浇柱沿柱高范围内的水平位移在加载过程中的分布特征基本一致。相同轴压比下，钢节点连接预制柱和现浇柱的塑性铰区弯曲变形性能相当，增加轴压比降低了钢节点连接预制柱的塑性铰区转动能力。

参考文献

[1]　中华人民共和国住房和城乡建设部. 水泥基灌浆材料应用技术规范: GB/T 50448—2015[S]. 北京: 中国建筑工业出版社，2015.

[2]　赵国藩. 高等钢筋混凝土结构学 [M]. 北京: 机械工业出版社，2008.

[3]　中华人民共和国住房和城乡建设部. 建筑抗震试验规程: JGJ/T 101—2015[S]. 北京: 中国建筑工业出版社，2015.

[4]　唐九如. 钢筋混凝土框架节点抗震 [M]. 南京: 东南大学出版社，1989.

第4章 钢节点连接预制混凝土梁柱节点抗震性能

为实现梁柱连接节点"等同现浇",装配式混凝土框架结构梁柱节点一般采用后浇混凝土的方式进行连接,这种连接方式存在连接节点钢筋密集、现场湿作业量大、后浇混凝土质量不易保证等问题。为此,本章提出了一种用于预制混凝土梁柱连接的钢节点连接技术,开展了钢连接件承载性能试验,以及钢节点连接预制混凝土梁柱节点抗震性能的试验研究,以期提高预制构件的施工安装效率,保证梁柱连接节点的施工质量。

4.1 节点形式的提出

为实现预制梁和预制柱的便捷连接,提出了一种钢节点连接预制混凝土梁柱节点连接形式,如图 4.1-1 所示。预制柱在节点区连续,在梁柱连接区域上下分别预

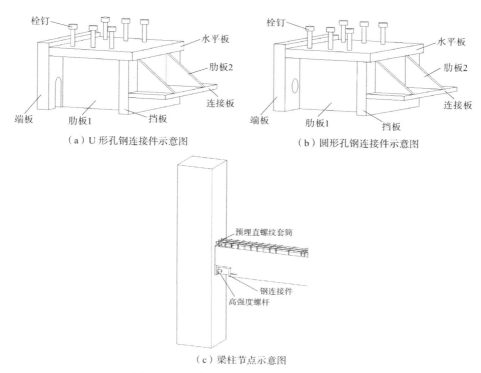

（a）U 形孔钢连接件示意图　　　　　（b）圆形孔钢连接件示意图

（c）梁柱节点示意图

图 4.1-1　钢节点连接预制混凝土梁柱节点

埋直螺纹套筒和高强度螺杆；预制梁采用叠合梁，梁端底部预埋钢连接件，与柱通过高强度螺杆施加预应力进行连接；梁上部纵筋与柱中预埋直螺纹套筒进行连接，最后浇筑叠合层混凝土形成整体。该节点形式装配便捷、高效，节点区无需后浇混凝土，节点质量能够得到有效保证。

4.2　钢连接件偏心受拉试验

4.2.1　试件设计

试验共设计 4 个试件，高强度螺杆预埋在地梁中，钢连接件通过高强度螺栓固定在地梁上。地梁中高强度螺杆与钢连接件螺栓连接并施加预应力。其中试件 S1、S2、S3 的高强度螺杆预埋在地梁中，试件 S4 采取在地梁中通过波纹钢管预留孔道，穿入高强度螺杆并浇筑强度等级为 C100 的高强灌浆料的施工工艺。4 个试件每根高强度螺杆施加的预应力均为 355 kN，设计参数见表 4.2-1，试件构造如图 4.2-1所示。

		试件参数表			表 4.2-1
编号	地梁纵筋	地梁箍筋	端板厚度（mm）	开孔形状	混凝土强度等级
S1	12Φ22	Φ10@100	10	U 形	C40
S2	12Φ22	Φ10@100	25	U 形	C40
S3	12Φ22	Φ10@100	30	U 形	C40
S4	12Φ22	Φ10@100	30	圆形	C40

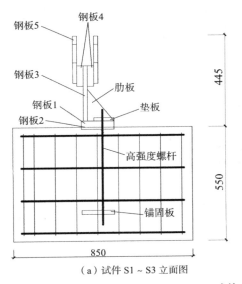

（a）试件 S1 ~ S3 立面图

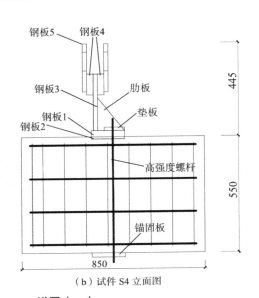

（b）试件 S4 立面图

图 4.2-1　试件 S1 ~ S4 详图（一）

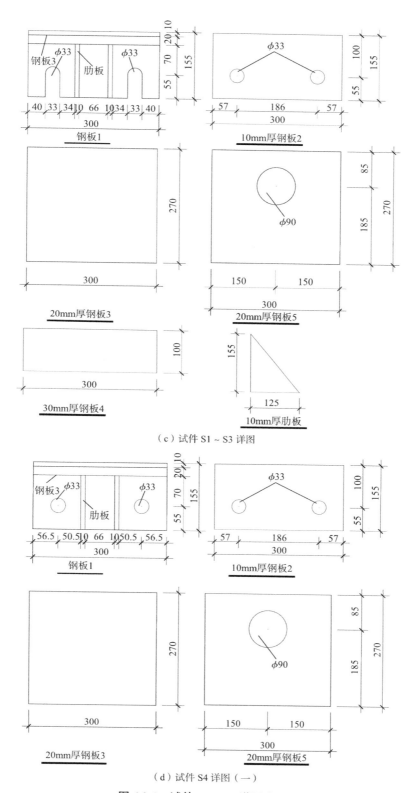

（c）试件 S1～S3 详图

（d）试件 S4 详图（一）

图 4.2-1 试件 S1～S4 详图（二）

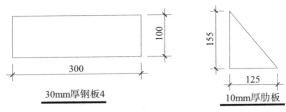

（d）试件 S4 详图（二）

图 4.2-1　试件 S1 ~ S4 详图（三）

4.2.2　材料力学性能

地梁混凝土强度等级为 C40，钢板采用 Q355B，钢筋为 HRB400 级，高强度螺杆强度等级为 10.9S 级，直径为 30 mm。实测混凝土抗压强度平均值为 35.2 MPa。钢板、钢筋和高强度螺杆的实测力学性能指标见表 4.2-2。

钢材力学性能　　　　　　　　　　　　　表 4.2-2

材料	规格	t, d（mm）	f_y（MPa）	f_u（MPa）	E_s（MPa）	δ（%）
钢筋	HRB400	10	410	550	2.00×10^5	25
		22	410	555	2.00×10^5	27
钢板	Q355B	10	370	538	2.06×10^5	19
		16	360	530	2.06×10^5	17
		20	347	475	2.06×10^5	18
		25	380	543	2.06×10^5	14
		30	363	537	2.06×10^5	17
高强度螺杆	10.9S	30	568	1136	2.06×10^5	19

4.2.3　试验装置及量测内容

试验加载装置如图 4.2-2 所示。加载制度为单调加载，按照荷载控制分级加载。

图 4.2-2　试验加载装置

当试验出现如下条件之一时，停止加载：①试件承载力降低至峰值承载力的85%以下；②钢板出现较大变形；③端板位移过大。试验量测内容主要包括钢连接件的竖向位移以及钢板应变。

4.2.4 试验结果与分析

1. 破坏形式

试件S1端板（即钢板1）厚度为10mm，加载至220kN时，端板边缘和地梁表面出现缝隙，端板边缘与地梁之间预紧力被抵消。随着加载继续，端板竖向位移逐渐增大，进入屈服。加载至850kN时，端板出现明显屈曲变形，钢板3也出现轻微弯曲，高强度螺杆弯曲，此时竖向位移为18.4mm，试件破坏。

试件S2端板厚度为25mm，加载至264kN时，端板边缘和地梁表面出现缝隙，端板边缘和地梁间预紧力被抵消。随着加载继续，端板位移增大，加载至750kN时，端板竖向位移为9.42mm，端板轻微弯曲，竖向位移较大，加载终止。

试件S3、试件S4端板厚度为30mm，加载至280kN时，端板与地梁表面出现缝隙，加载至750kN时，端板未弯曲，竖向位移分别为9mm、10mm，加载终止。各试件破坏形式如图4.2-3所示。

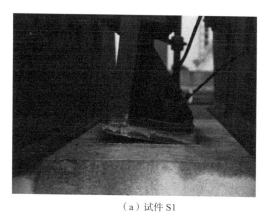
（a）试件S1

（b）试件S2

（c）试件S3

（d）试件S4

图 4.2-3 破坏形式

2. 荷载－位移曲线

荷载－位移曲线如图 4.2-4 所示。由图可知，各试件在加载前期位移较小，原因是所施加的荷载用于抵消预紧力。当端板边缘的预紧力被抵消时，端板与地梁表面分离。

试件 S1、S2 荷载－位移曲线较平滑，刚度变化较为明显，试件 S3、S4 荷载－位移曲线在端板边缘预紧力被抵消后，呈线性趋势发展。根据破坏现象及荷载－位移曲线分析，试件 S1 端板位移较大，端板明显屈曲，钢板 3 轻微弯曲，螺杆严重弯曲，刚度退化明显；试件 S2 端板位移为 9.42mm，端板出现轻微弯曲，刚度退化不明显；试件 S3、S4 端板位移分别为 9mm、10mm，端板无变形。

由图 4.2-4（e）可知，试件 S2 和试件 S3 的曲线基本重合，两试件在加载过程中刚度不同，加载至后期竖向位移基本相同。刚度不同的原因在于 S2 试件端板厚度为 25mm，端板轻微弯曲变形，整体刚度略有降低。

试件 S3 与试件 S4 端板厚度均为 30mm，曲线不完全重合，分析其原因为试件 S4 在加载过程中地梁出现松动，导致试件 S3、试件 S4 荷载－位移曲线出现偏差。但试件 S3、试件 S4 在端板预紧力被抵消时，两个试件荷载－位移曲线斜率相同。

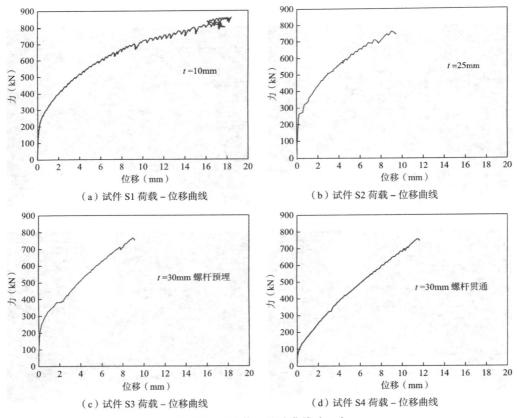

（a）试件 S1 荷载－位移曲线　　　　　（b）试件 S2 荷载－位移曲线

（c）试件 S3 荷载－位移曲线　　　　　（d）试件 S4 荷载－位移曲线

图 4.2-4　荷载－位移曲线（一）

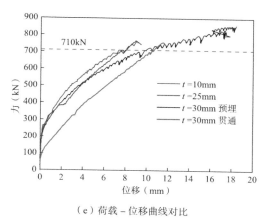

（e）荷载－位移曲线对比

图 4.2-4　荷载－位移曲线（二）

3. 钢板应变

各试件的端板、钢板 3 应变随荷载的变化规律分别如图 4.2-5 和图 4.2-6 所示。加载过程中，端板受压，其应变值均为负值。试件 S1、S2 端板上应变片在加载后期失效，无卸载时下降曲线。由图可知，随着端板厚度增加，加载至 750kN 时端

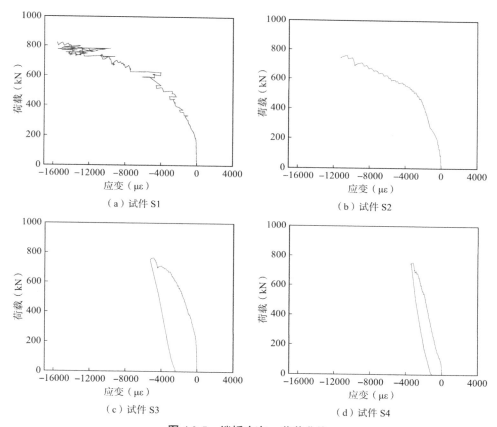

图 4.2-5　端板应变－荷载曲线

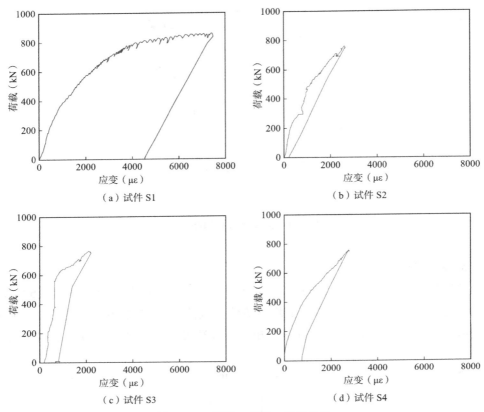

（a）试件 S1　　　　　　　　　　　（b）试件 S2

（c）试件 S3　　　　　　　　　　　（d）试件 S4

图 4.2-6　钢板 3 应变 - 荷载曲线

板受压区受压应变逐渐变小，试件 S1 端板屈曲较为明显，S2 试件的端板轻微弯曲，试件 S3、S4 端板变形和残余应变均较小。

由图 4.2-6 可知，对钢板 3，试件 S1 最大拉应变为 7500με，残余应变为 4500με，荷载 - 应变曲线较为平滑饱满，加载后期，应变增长较快，曲线进入平行段，刚度下降。试件 S2 最大拉应变为 2500με，残余应变为 530με；试件 S3 最大拉应变为 2200με，残余应变为 600με；试件 S4 最大拉应变为 2700με，残余应变为 700με。4 个试件钢板 3 均达到屈服应变，S1 试件后期加载应变增长较快，S2、S3、S4 试件应变增长较慢。

综上，对开 U 形孔的端板，当采用 10.9S 级的 M30 高强度螺栓时，端板 10mm 厚不能满足要求，端板采用 25mm 和 30mm 时，在偏心受拉作用下的受力性能基本相同。

4.3　钢节点连接预制混凝土梁柱节点抗震性能

4.3.1　试验概况

1. 试件设计

为研究钢节点连接预制混凝土梁柱节点的抗震性能，进行了 3 个足尺的梁柱节点拟静力试验，包括 2 个装配连接节点试件（ZP1 和 ZP2）和 1 个现浇混凝土节点对比试件（XJ）。试件 XJ、ZP1、ZP2 的梁柱尺寸相同，梁长度为 1.7m，加载点到柱边缘距离为 1.5m，柱高 2.8m，柱底铰支座高 0.2m，柱轴压比 0.08。3 个试件梁柱配筋构造均相同，试件尺寸配筋详图见图 4.3-1。

各试件连接构造不同，试件 XJ 梁纵筋按传统模式锚入节点核心区，见图 4.3-1（a）；试件 ZP1 的高强度螺杆预埋在混凝土柱中，预制梁钢端板开孔为 U 形，如图 4.3-1（b）所示，梁上部纵筋通过直螺纹套筒连接，底部通过高强度螺杆连接，并施加预应力 355kN；试件 ZP2 在混凝土柱中预留孔道，预制梁钢端板开孔为圆形，如图 4.3-1（c）所示，梁上部纵筋通过直螺纹套筒连接，装配梁柱时插入高强度螺杆，用高强灌浆料填实，后施加预应力 355kN。

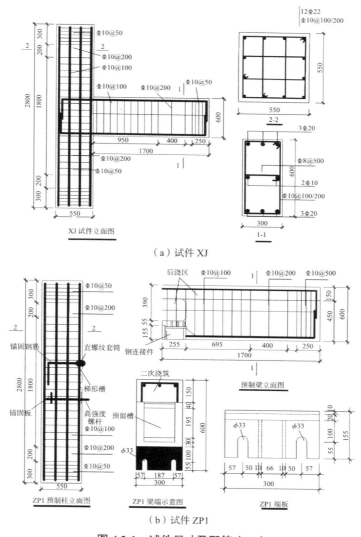

图 4.3-1 试件尺寸及配筋（一）

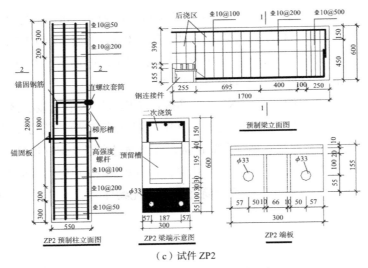

（c）试件 ZP2

图 4.3-1　试件尺寸及配筋（二）

2. 材料力学性能

梁柱纵筋和箍筋采用 HRB400 级钢筋，钢板采用 Q355B 级钢材，栓钉等级为 4.6 级，高强度螺杆为 10.9S 级，直径为 30mm。直螺纹套筒采用滚轧直螺纹套筒，规格为 30.5mm × 45.0mm，与直径 20mm 的钢筋连接。钢材力学性能实测值如表 4.3-1 所示。试件预制和叠合层部分分两次浇筑，预制和后浇叠合层部分混凝土实测强度标准值分别为 36.8 MPa 和 50.0 MPa。

<table>
<tr><td colspan="6" style="text-align:left">钢材力学性能　　　　　　　　　　　　　　　　表 4.3-1</td></tr>
</table>

材料	规格	t, d（mm）	f_y（MPa）	f_u（MPa）	δ（%）
钢筋	HRB400	10	410	550	25
		20	436	590	26
		22	410	555	27
钢板	Q355B	10	370	538	19
		16	360	530	17
		20	347	475	18
		25	380	543	14
		30	363	537	17
高强度螺杆	10.9S	30	568	1136	19

3. 试验装置与加载制度

试验加载装置如图 4.3-2 所示。柱底部焊接端板用以将其连接到底部铰支座，水平刚性杆限制柱顶部的水平位移。柱顶通过液压千斤顶施加荷载以模拟柱的轴向力。梁端千斤顶施加反复荷载，以预制梁上侧受压下侧受拉为正。试验中首先施加柱轴向力，并在加载过程中保持恒定。梁端施加低周反复荷载，加载制度为荷载 – 位移混合控制，屈服前采用荷载控制，以 20kN 为级差，每级荷载循环 1 次；屈服后采用位移控制，以屈服位移 Δ_y 为级差，每级位移循环 2 次，荷载下降至峰值荷载 85%，或钢连接件出现严重屈曲时停止加载。

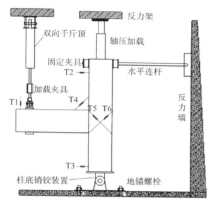

图 4.3-2　试验加载装置

4. 测点布置与量测内容

位移计布置如图 4.3-2 所示。位移计 T1 测量梁端加载点竖向位移，位移计 T2 测量柱顶水平位移，位移计 T3 测量柱底铰接支座水平位移，位移计 T4 测量梁柱相对转角，T5 和 T6 测量梁柱节点核心区剪切变形。

应变测点布置如图 4.3-3 所示。应变片 R1～R20 测量柱纵筋应变，R21～R28 测量梁纵筋应变，G1～G3 测量节点核心区柱箍筋应变，G4、G5 测量节点核心区梁箍筋应变，GB1～GB6 测量钢连接件各板件应变。

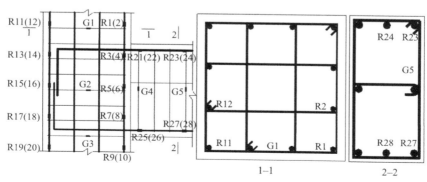

（a）试件 XJ 应变片布置图

图 4.3-3　试件应变测点布置（一）

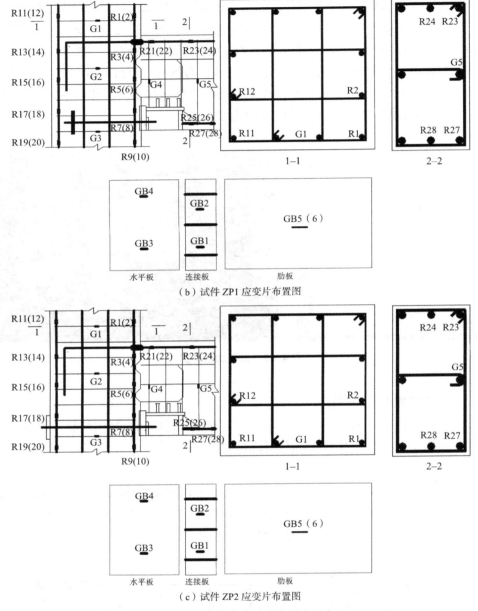

（b）试件 ZP1 应变片布置图

（c）试件 ZP2 应变片布置图

图 4.3-3　试件应变测点布置（二）

4.3.2　试验现象及破坏形式

1. 试验现象

（1）试件 XJ

前三级加载循环过程中, 试件 XJ 未出现裂缝, 荷载 - 位移曲线呈线性增长趋势。正向加载至 80kN 时, 梁底面距柱边缘 150mm 处、350mm 处出现极细裂缝, 沿梁侧面向上延伸 80mm; 负向加载至 80kN 时, 梁顶面距柱边缘 450mm 处出现裂缝,并沿梁侧面向下延伸 50mm。

加载至 $1\Delta_y$ 时，梁顶面距柱边缘 150mm、450mm 处出现沿梁宽方向通长裂缝，在侧面向下延伸 300mm，梁底面裂缝在侧面延伸至梁高 300mm 处，与梁顶面延伸下的裂缝相交。

加载至 $2\Delta_y$ 时，梁裂缝向梁端方向不断开展，开展至距柱边缘 900mm 处。梁上下裂缝为斜向，已有裂缝宽度增大至 0.15mm，新增裂缝宽度为 0.1mm，梁上下发展的裂缝逐渐相交，且沿各自方向继续延伸呈现交叉裂缝。正向加载时，在梁柱结合面下边缘处出现了细微裂缝，并沿柱面向外延伸。

加载至 $3\Delta_y$ 时，梁顶面距柱边缘 1050mm 处出现新裂缝，宽度为 0.15mm，梁底距柱边缘 850mm 处出现新裂缝，距柱边缘 450mm、750mm 处裂缝宽度开展至 0.25mm，梁底面距柱边缘 50mm 处裂缝斜向发展至柱边缘。梁柱结合面裂缝延伸，形成闭合裂缝。正向加载时，柱正面距边缘 100mm 范围内、与梁底平齐处出现了细微裂缝，其他裂缝均有开展延伸。

加载至 $4\Delta_y$ 时，梁长范围内无新增裂缝，已有裂缝宽度增大，距柱边缘 800mm 处裂缝开展至 0.3mm。梁底、梁顶距柱边缘 100mm 内出现大量极细裂缝，原有梁底、梁顶裂缝沿梁宽方向发展，宽度均增大至 1.4mm，在侧面斜向延伸至柱边缘，形成上下两条主裂缝。

加载至 $5\Delta_y$ 时，两条主裂缝宽度发展至 2mm，梁柱结合面裂缝宽度增加，主裂缝附近混凝土保护层小面积剥落，其他区域裂缝发展不明显。加载至 $6\Delta_y$ 时，梁底、梁顶节点域处混凝土受压，出现大量短细受压裂缝，距柱边缘 200 mm 处裂缝继续开展，裂缝宽度最大 1.4mm；梁底主裂缝继续开展，伴随少量混凝土剥落；梁柱结合面处裂缝开展至 2mm，与梁底、梁顶两条主裂缝贯通，其他裂缝宽度继续增大。

加载至 $7\Delta_y$ 时，距柱边缘 200mm 范围内，裂缝宽度继续增加，有轻微混凝土剥落现象，梁柱结合面裂缝宽度为 2.5mm。

加载至 $8\Delta_y$ 时，主裂缝宽度继续增加，混凝土剥落继续增加，裂缝不再开展。梁底部 100mm 范围内大面积混凝土剥落，梁纵筋和箍筋外露，相应的梁上部侧面混凝土轻微剥落。

加载至 $9\Delta_y$ 时，梁底部距柱边缘 100mm 范围内混凝土全部剥落，钢筋外露，梁纵筋轻微压曲。梁顶部距柱边缘 100 mm 范围内混凝土逐渐压碎，侧面混凝土剥落，纵筋外露。正向加载时，梁顶部纵筋压屈，梁柱结合面裂缝贯通，荷载-位移曲线出现下降趋势。

加载至 $10\Delta_y$ 时，被压碎的混凝土区域变大，扩展到距柱边缘 200mm 处，混凝土继续剥落，梁柱结合面处箍筋外露，梁底纵筋压屈，梁顶部混凝土隆起明显，混凝土破碎严重。

加载至 $11\Delta_y$ 时，梁顶部塑性铰区混凝土在拉压作用下碎裂明显，梁底部距柱边缘 180mm 范围内混凝土全部剥落，形成塑性铰，荷载下降至峰值荷载的 85%，加载结束（图 4.3-4）。

图 4.3-4　XJ 试件破坏形式

（2）试件 ZP1

前两级循环加载中，试件 ZP1 未出现裂缝，荷载 - 位移曲线呈直线趋势。负向加载至 60kN 时，梁顶部距柱边缘 180 mm 处出现裂缝，斜向下延伸 200mm；正向加载至 60kN，梁底未出现裂缝。

加载至 80kN 时，梁顶部初始裂缝宽度 0.1mm，距柱边缘 380mm、450mm 处出现新裂缝，并向下延伸 200mm，梁底部距柱边缘 550mm 处出现新裂缝，距柱边缘 400mm 处斜向上延伸出一条 45° 斜裂缝。加载至 100kN 时，已有裂缝开展，梁顶部距柱边缘 650mm 处出现新裂缝。

加载至 $1\Delta_y$ 时，梁底部距柱边缘 750mm 处、梁顶部距柱边缘 950mm 处出现新裂缝，已有裂缝宽度增加，梁底斜裂缝及初始裂缝宽度为 0.1mm。梁钢连接件上部 100mm 新老混凝土交界面处出现一条水平细小裂缝，裂缝长度 120mm。

加载至 $2\Delta_y$ 时，梁底部混凝土裂缝开展迅速，梁底部距柱边缘 700~1100 m 处出现大量弯剪斜裂缝，并延伸至梁顶部，梁底部距柱边缘 380mm 处斜裂缝宽度增加至 0.25mm，梁顶部裂缝最大开展宽度为 0.2mm。加载至 $3\Delta_y$ 时，梁底部斜裂缝继续开展，裂缝最大宽度为 1.7mm，梁混凝土表皮有轻微掉落，梁顶部初始裂缝宽度开展至 0.9mm。

加载至 $4\Delta_y$ 时，距柱边缘 1100mm、1200mm 处出现细小裂缝，梁底部钢连接件附近斜裂缝最大宽度发展至 4mm，局部混凝土剥落，水平钢板外露。向上延伸的裂缝宽度增大至 1.6mm，梁顶部初始裂缝宽度也为 1.6mm，其他裂缝发展缓慢。

加载至 $5\Delta_y$ 时，梁顶部初始斜裂缝宽度增加至 2mm，小面积混凝土压碎剥落。梁顶部其他几道裂缝宽度均有所发展，裂缝逐渐发展至混凝土受压区。梁底部靠近钢板的斜裂缝继续发展成为主裂缝，梁柱结合面上半部分处开始出现裂缝。

加载至 $6\Delta_y$ 时，梁柱结合面处裂缝宽度增加，梁顶部裂缝继续延伸开展，梁底部主斜裂缝宽度增加至 7mm，且在拉压作用下与连接板平齐的混凝土即将掉落，梁底部其他裂缝继续延伸。

加载至 $7\Delta_y$ 时，梁底部连接板边缘处混凝土大面积剥落，且主斜裂缝向上 200mm 处与梁顶部延伸的裂缝相交叉，混凝土剥落。荷载–位移曲线基本进入平滑段，随位移的增加，荷载增长很慢。

加载至 $8\Delta_y$ 时，梁顶部初始裂缝在拉压作用下逐步延伸，部分混凝土剥落，梁端塑性铰形成。此时正向荷载最大值为 234kN，负向荷载最大值为 219kN。加载至 $9\Delta_y$ 时，梁顶部混凝土压碎，主裂缝宽度继续增大，箍筋外露，混凝土在弯剪作用下分割成几部分，梁柱结合面处混凝土剥落。负向加载时，外露的底部纵筋轻微压屈，荷载开始下降。正向加载至第二循环时，肋板与挡板间的焊缝断裂，加载终止。试件破坏形态如图 4.3-5 所示，梁底部纵筋与连接板连接处焊缝未断裂，保持完好。

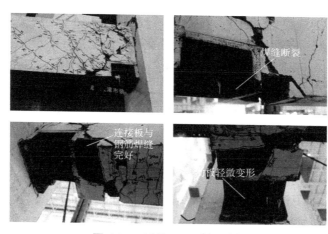

图 4.3-5　试件 ZP1 破坏形式

（3）试件 ZP2

前两级循环加载中，试件未出现裂缝，荷载与位移呈线性关系。负向加载至 60kN 时，梁顶部距柱边 200mm 处出现竖向裂缝，向下延伸 350mm；正向加载至 60kN 时，试件未出现裂缝。

加载至 80kN 时，梁底距柱边 450mm 处出现竖直裂缝，梁顶部距柱边 350mm 处出现竖向裂缝，距柱边 200mm 处竖向裂缝继续向下延伸 100mm。当加载至 100kN，梁底部距柱边 350mm、550mm 处出现新裂缝，竖向挡板出现竖向裂缝，梁顶部距柱边 580mm 处出现新裂缝，沿侧面向下延伸 250mm。初始裂缝最大宽度为 0.1mm。

加载至 $1\Delta_y$ 时，梁底部连接板处出现水平裂缝，并斜向上延伸出一条斜裂缝；梁底部距柱边 650mm、750mm、950mm 处出现竖直裂缝，向上延伸一段后斜向上发展。梁顶部距柱边缘 750mm 处出现竖向裂缝，其他裂缝继续发展延伸。

加载至 $2\Delta_y$ 时，梁底部距柱边 1150mm 处出现新斜向裂缝，原有裂缝继续斜向延伸；梁底部钢板附近的斜裂缝发展较快，裂缝宽度为 0.6mm；距柱边缘 950mm 处裂缝宽度增大至 0.15mm。梁顶部距柱边缘 450mm、550mm、950mm、1050mm 处出现斜裂缝；距柱边缘 250mm 处竖向初始裂缝宽度为 0.2mm。

加载至 $3\Delta_y$ 时，梁底部距柱边 1200mm、950mm 处新增斜裂缝，并向上延伸，裂缝宽度为 0.15mm；钢板附近初始裂缝宽度开展至 2.1mm，向上延伸至梁顶部；距柱边 450mm、550mm 处裂缝宽度为 0.3mm。梁顶部斜向裂缝继续向下延伸，距柱边 100mm 处裂缝宽度开展至 1.2mm。荷载位移曲线开始进入水平阶段，位移增长较快。

加载至 $4\Delta_y$ 时，梁底部钢板附近斜裂缝宽度增加至 5mm，裂缝延伸至柱边缘；距柱边 450mm 处的裂缝延伸至梁顶部。梁顶部距柱边 100mm 处裂缝宽度开展至 2mm；距柱边 350mm 处竖向裂缝宽度开展至 0.7mm，其他斜裂缝斜向向下延伸，逐渐与梁底部斜裂缝相交。

加载至 $5\Delta_y$ 时，梁底部钢板附近斜裂缝宽度增加至 7mm，连接板外露，成为主裂缝；距柱边 550mm 处裂缝宽度发展至 0.7mm；距柱边 400～700mm 范围内梁新老混凝土交界面出现水平裂缝。梁顶部距柱边 100 mm 处裂缝开展至 3mm，距柱边 350mm 处裂缝开展至 1.4mm，距柱边 120mm 处出现新裂缝，其他裂缝继续开展延伸。柱正面与梁下边缘平齐处出现水平裂缝，延伸 50mm。

加载至 $6\Delta_y$ 时，梁底部主斜裂缝于水平板上部 180mm 处出现小块混凝土剥落；距柱边 550mm 处梁上下裂缝交界处有小块混凝土剥落，距柱边 650mm 处裂缝宽度为 0.9mm。梁顶部距柱边 100mm 处裂缝开展至 4mm，距柱边 250mm 处竖向裂缝宽度为 1.8mm，梁柱结合面处出现裂缝。

加载至 $7\Delta_y$ 时，梁底部主斜裂缝宽度继续扩展，沿着主裂缝向上混凝土剥落更多；距柱边 400mm 处混凝土剥落，距柱边 450mm 处竖向裂缝最大宽度为 1.6mm，与梁顶部裂缝接合有逐渐成为第二条主裂缝的趋势；梁底部其他斜裂缝宽度继续增加。梁顶部距柱边 100mm 处裂缝扩展至 5mm，由于混凝土受压，细小裂缝发展增多，距柱边 400mm 处裂缝最大宽度为 3mm，距柱边 550mm 处裂缝最大宽度为 3mm。

加载至 $8\Delta_y$ 时，梁底部距柱边 400mm 处混凝土大块剥落，露出梁底部纵筋和箍筋；距柱边 450mm 处竖向裂缝开展较宽，有小块混凝土剥落，成为第二条主裂缝。梁顶部混凝土裂缝继续开展，宽度增加，节点域处混凝土逐渐被压碎。此时正向荷载最大为 220kN，进入荷载下降阶段。

加载至 $9\Delta_y$ 时，梁底部混凝土继续剥落，露出更多纵筋和箍筋，主斜裂缝继续发展，箍筋外露。正向加载过程中，纵筋压屈变形较大。梁顶部距柱边 400mm 范围内混凝土被压碎，形成了两条主斜裂缝。正向加载第二循环，肋板与挡板焊缝断裂，加载结束。试验结束后剔除混凝土发现 ZP2 试件纵筋与连接板连接处的焊缝完好，试件破坏形式如图 4.3-6 所示。

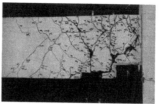

图 4.3-6　试件 ZP2 破坏形式

2. 破坏形式

对比 3 个试件破坏现象（图 4.3-7）可知，在整个加载过程中，3 个节点试件核心区混凝土未出现裂缝，均为梁铰破坏机制。试件 XJ 裂缝分布均匀，在塑性铰区充分发展，上下贯通且多为竖向裂缝，试件 ZP1 和试件 ZP2 受钢连接件的影响，塑性铰区范围较大，混凝土剥落较少且裂缝多为斜向裂缝。与现浇试件 XJ 相比，试件 ZP1 和试件 ZP2 梁端上部塑性铰外移约 50mm。试验结束后，凿除试件 ZP1 和试件 ZP2 钢连接件上部混凝土，可见栓钉与混凝土粘结良好，水平板与混凝土无明显滑移，连接可靠。

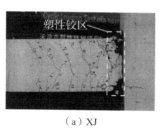

（a）XJ　　　　　　　　（b）ZP1　　　　　　　　（c）ZP2

（d）ZP1 焊缝断裂、连接板与钢筋焊缝完好　　　　　（e）ZP2 焊缝断裂

图 4.3-7　试件破坏形式

4.3.3　试验结果与分析

1. 滞回曲线

各试件荷载 – 位移滞回曲线如图 4.3-8（a）~图 4.3-8（c）所示，骨架曲线如图 4.3-8（d）所示，由图可知：

（1）试件 ZP1、ZP2 与试件 XJ 的滞回曲线相似。随着位移增加，加载曲线斜率随荷载增大而减小，相同位移下第二次循环加载曲线的斜率也减小，表明循环加载过程中试件发生了损伤累积和刚度退化。

（2）试件 ZP1 和试件 ZP2 的荷载 – 位移曲线在正负加载时不完全对称，这是由于负向加载后试件存在一定的残余变形和累积损伤，反向加载时需要抵消残余变形的影响，其次梁底为钢连接件，钢材的包辛格效应导致正向加载时变形增大。

（3）试件 ZP1 和试件 ZP2 屈服荷载、峰值荷载均高于试件 XJ，说明钢连接件和预应力的存在提高了节点承载力。试件 ZP1 和试件 ZP2 正负向滞回曲线在峰值荷载前基本对称，表明梁顶部直螺纹套筒连接和底部高强度螺杆连接能够有效传递荷载。正负向峰值荷载无明显差别，受新旧混凝土结合面影响较小。

（4）当试件 ZP1 和试件 ZP2 加载至极限荷载后，随着位移的增加，肋板和挡

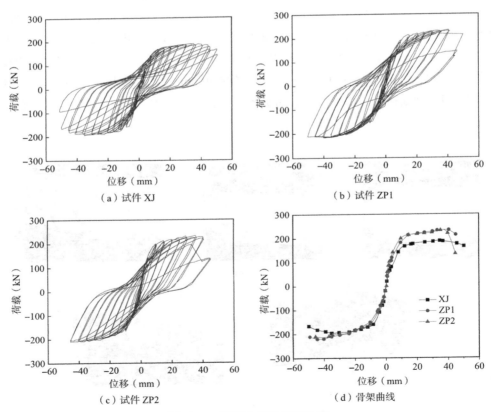

（a）试件 XJ　　　　　　　　　（b）试件 ZP1

（c）试件 ZP2　　　　　　　　　（d）骨架曲线

图 4.3-8　滞回曲线及骨架曲线

板焊缝断裂，加载结束。

2. 承载力与延性性能

各试件特征点荷载和对应位移如表 4.3-2 所示。试件 ZP1 和试件 ZP2 正向开裂荷载及相应正向位移均大于负向开裂荷载及负向位移，其原因为梁端下部钢连接件的存在，混凝土开裂点距节点区距离相对于梁端上部大，相同荷载下，底部混凝土所承担弯矩小于梁顶根部。试件 ZP1 和试件 ZP2 正向屈服荷载及相应正向位移均大于负向屈服荷载及位移，表明梁端下侧钢连接件部位的抗弯能力高于梁端上侧抗弯能力。相比于试件 XJ，试件 ZP1 和试件 ZP2 的正向屈服荷载分别高 19.69% 和 21.09%，负向屈服荷载分别高 8.03% 和 2.66%。试件 ZP1、ZP2 屈服位移均大于试件 XJ。试件 ZP1 和试件 ZP2 正向峰值承载力较试件 XJ 提高了 23%，负向峰值承载力分别提高了 13% 和 8%，说明该节点连接方式较现浇节点承载力略有提高。

由表 4.3-2 可知，所有试件破坏时的位移角均大于 1/50，满足《建筑结构抗震规范》GB50011—2010[1] 规定的罕遇地震作用下钢筋混凝土框架结构的弹塑性层间位移角限值要求。

试件 XJ 正负向延性系数[2] 分别为 4.67 和 5.55，两者数值不完全一致的原因在于正负向加载后残余变形的影响；试件 ZP1 和试件 ZP2 正向位移延性系数均大于负向，原因是梁底部存在钢连接件和预应力使得刚度较大，负向屈服位移变小。试件 ZP1 和试件 ZP2 的延性系数平均值分别为 3.3 和 4.06，延性性能较好。

特征点荷载及位移　　表 4.3-2

试件编号	加载方向	P_{cr} (kN)	Δ_{cr} (mm)	P_y (kN)	Δ_y (mm)	P_m (kN)	Δ_m (mm)	P_u (kN)	Δ_u (mm)	μ
XJ	正向	80	3.50	164	10.80	189.2	34.74	165.6	50.4	4.67
	负向	−80	−2.40	−165.7	−8.97	−195	−34.99	−166.3	−49	5.55
	均值	80	2.95	164.8	9.89	192.1	34.87	165.9	49.7	5.11
ZP1	正向	80	2.00	196.3	11.60	234.3	40.66	213.7	45.2	3.89
	负向	−60	−2.00	−179	−18.26	−220.9	−44.28	−210.9	−49	2.70
	均值	70	2.00	187.7	14.93	227.6	42.47	212.3	47.1	3.30
ZP2	正向	80	1.50	198.6	9.38	232.8	35.32	134.3	44.9	4.79
	负向	−60	−2.30	−170.1	−13.60	−210	−45.21	−210.2	−45	3.34
	均值	70	1.90	184.4	11.49	221.4	40.27	172.3	44.95	4.06

3. 刚度退化

各试件割线刚度[3] 曲线如图 4.3-9 所示。从图中可以看出：各试件刚度退化整体趋势相同，屈服前刚度退化快，屈服后刚度退化减慢，最终各试件刚度基本相同。试件

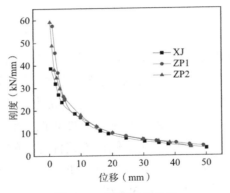

图 4.3-9　刚度退化曲线

ZP1 和试件 ZP2 由于钢连接件的存在及预应力的施加，初始刚度较试件 XJ 刚度大。

4. 耗能能力

图 4.3-10 为各试件等效黏滞阻尼系数[4]曲线。由图可知，各试件在荷载控制阶段处于弹性状态，耗能能力较小；进入位移控制阶段后耗能能力明显提升，随着梁端位移的增加，等效黏滞阻尼系数快速增长。与试件 XJ 相比，试件 ZP1 和试件 ZP2 的等效黏滞阻尼系数略低，原因是试件 ZP1 和试件 ZP2 的梁固端底部存在钢连接件和预应力，加载进入塑性阶段后，梁端塑性铰区范围增大，但梁端塑性铰区的塑性损伤与试件 XJ 相比较小，节点耗能能力低。

图 4.3-11 为各试件累积耗能曲线。由图可知，底部预埋钢连接件开 U 形孔和开圆形孔两种形式的节点试件 ZP1 和 ZP2 累积耗能能力相差 4.7%，耗能能力基本相同，耗能能力受底部预埋钢连接件开孔形状影响较小。

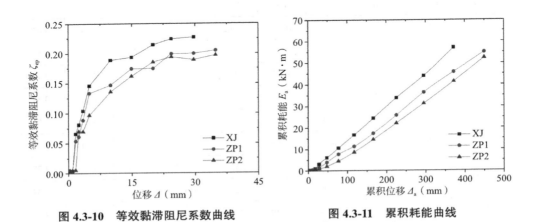

图 4.3-10　等效黏滞阻尼系数曲线　　　图 4.3-11　累积耗能曲线

5. 梁钢筋应变分析

各试件梁顶部纵筋应变如图 4.3-12 ~图 4.3-14 所示。由图可知，加载前期梁顶纵筋应变基本呈线性关系，残余应变很小。随着荷载的增加，钢筋应变不断增加。

试件 XJ 在加载至 157kN 时，纵筋达到屈服应变，此时接近试件屈服荷载。试件 ZP1 在加载至 124kN 时，纵筋达到屈服应变，小于试件屈服荷载。试件 ZP2 加载至 117kN 时，纵筋屈服。

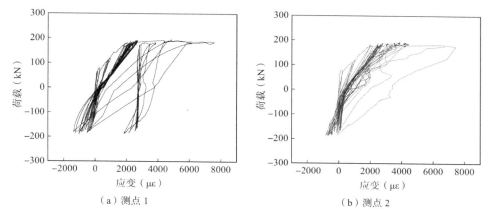

（a）测点 1　　　　　　　　　　　　　　（b）测点 2

图 4.3-12　试件 XJ 梁顶部纵筋应变

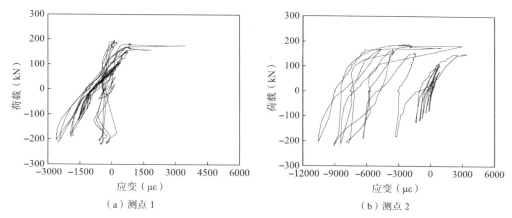

（a）测点 1　　　　　　　　　　　　　　（b）测点 2

图 4.3-13　试件 ZP1 梁顶部纵筋应变

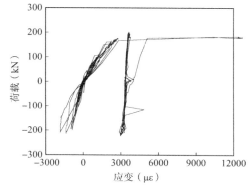

图 4.3-14　试件 ZP2 梁顶部纵筋应变

图 4.3-15 所示为核心区梁纵筋应变。由图可知，试件 XJ 梁伸入核心区的梁纵筋应变随荷载增加而增大，表明梁纵筋可以把力传递到节点核心区，锚固可靠。试件 ZP1 和试件 ZP2 核心区套筒锚筋应变随着荷载增加而增大，因此套筒作为接驳件传力可靠。试件 ZP2 核心区距离套筒较远的套筒锚筋应变较距离套筒较近的套筒锚筋应变小。

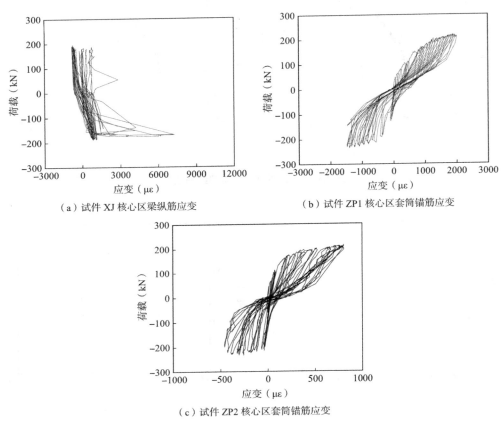

（a）试件 XJ 核心区梁纵筋应变　　　　　（b）试件 ZP1 核心区套筒锚筋应变

（c）试件 ZP2 核心区套筒锚筋应变

图 4.3-15　节点核心区梁钢筋应变

如图 4.3-16 所示为梁箍筋应变曲线，梁箍筋在加载初期钢筋应变很小，基本呈线性关系。试件 XJ 梁箍筋最大应变大于试件 ZP1、ZP2 梁箍筋最大应变，其原因为试件 ZP1、ZP2 梁底部钢板组合件也承担了部分剪力，梁箍筋承受剪力减小。

试件梁顶部塑性铰区纵筋应变曲线如图 4.3-17 所示。由图可知：在梁顶纵筋屈服前，试件 ZP1、ZP2 纵筋应变随位移增长的幅度大，分析其原因为钢连接件以及预应力的存在提高了试件 ZP1、ZP2 的刚度，施加同样的位移，试件 ZP1、ZP2 施加的荷载大于试件 XJ。随着荷载的增加，试件 XJ 梁顶部纵筋逐渐进入屈服阶段，试件 XJ、ZP1、ZP2 在 1500με 时三条曲线相交。试件 XJ 在纵筋屈服后，纵筋应变继续增加。当试件达到极限荷载时，纵筋应变达到峰值 6609με。

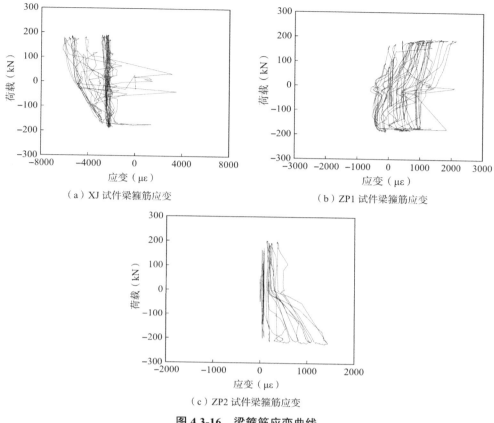

（a）XJ 试件梁箍筋应变

（b）ZP1 试件梁箍筋应变

（c）ZP2 试件梁箍筋应变

图 4.3-16　梁箍筋应变曲线

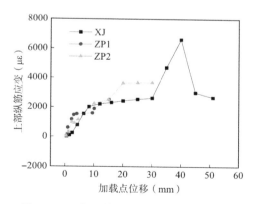

图 4.3-17　梁塑性铰区顶部纵筋应变曲线

6. 节点核心区变形分析

各试件节点核心区剪切角随荷载变化曲线如图 4.3-18 所示。由图可知，3 个试件节点核心区剪切变形很小，最大剪切角为 0.002rad，表明在加载过程中，节点核心区变形较小，处于弹性工作状态，符合"强节点"设计原则。

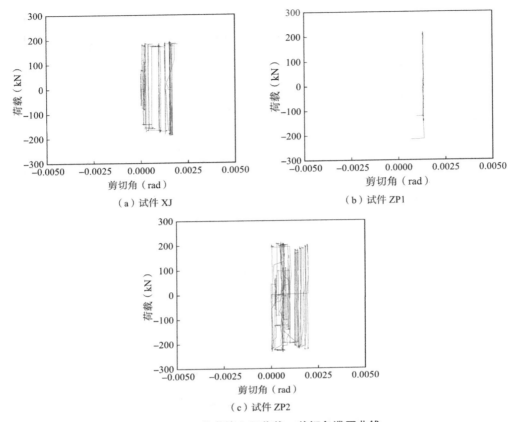

（a）试件 XJ

（b）试件 ZP1

（c）试件 ZP2

图 4.3-18　节点核心区荷载－剪切角滞回曲线

4.4　小结

（1）端板厚度对钢连接件刚度影响显著，对开 U 形孔端板，当采用 10.9S 级的 M30 高强度螺栓时，端板 10mm 厚不能满足要求，端板采用 25mm 和 30mm 时，在偏心受拉作用下的受力性能基本相同；端板开 U 形孔和圆形孔对钢连接件受力性能影响不大；当采用 10.9S 级的 M30 高强度螺栓时，钢连接件端板厚度建议取值 30mm。

（2）3 个试件发生梁铰破坏机制，连接节点采用钢连接件螺栓连接和套筒连接构造合理、传力可靠。钢连接件上栓钉与混凝土粘结良好，水平板与混凝土无滑移；钢节点连接预制混凝土梁柱节点的受力性能基本相同，端板开 U 形孔的节点可将高强度螺杆作为临时支撑，便于施工安装。

（3）钢节点连接预制混凝土梁柱节点的承载力、初始刚度略高于现浇节点。

（4）现浇节点裂缝发展多为均匀竖向裂缝，塑性铰出现在梁柱结合面附近；钢节点连接预制混凝土梁柱节点裂缝发展多为斜向裂缝，塑性铰外移、范围变大，其原因为钢节点连接预制混凝土梁柱节点中梁端部有钢连接件和预应力，使梁端得到加强，使其破坏形式与现浇节点有所不同。

（5）试件 ZP1 和试件 ZP2 的延性系数平均值分别为 3.3 和 4.06，具有较好的延性。钢节点连接预制混凝土梁柱节点的极限位移角约为 1/36，大于规范规定的罕遇地震作用下框架结构弹塑性层间位移角限值要求。

参考文献

[1] 中华人民共和国住房和城乡建设部 . 建筑抗震设计规范：GB 50011—2010[S]. 北京：中国建筑工业出版社，2016.

[2] 赵国藩 . 高等钢筋混凝土结构学 [M]. 北京：机械工业出版社，2008.

[3] 唐九如 . 钢筋混凝土框架节点抗震 [M]. 南京：东南大学出版社，1989.

[4] 中华人民共和国住房和城乡建设部 . 建筑抗震试验规程：JGJ/T 101—2015[S]. 北京：中国建筑工业出版社，2015.

第 5 章　钢节点连接装配式混凝土框架抗震性能

在对预制混合梁静动力特性研究和预制混凝土梁柱钢节点连接抗震性能研究的基础上，本章提出钢梁贯通型梁柱节点，通过对采用该类型梁柱节点连接形式的钢节点连接装配式混凝土框架试件的低周反复加载试验，研究结构的破坏模式、滞回特性、骨架曲线、延性和耗能能力等，并基于有限元软件 ABAQUS，分析相关参数变化对结构抗震性能的影响，以期为工程应用提供依据。

5.1　试验概况

5.1.1　试件设计

设计了一个单层单跨钢节点连接装配式混凝土框架结构，试件构造及几何尺寸如图 5.1-1 所示。试件总高 3250mm，框架跨度为 3500mm，加载点高度距离地梁顶面 2400mm。预制混凝土柱截面尺寸为 400mm×400mm，柱总高为 2750mm，净高 2200mm。预制混合梁两端钢接头段截面为 150mm×300mm×10mm×14mm 的 H 型钢梁，钢接头段长度 120mm，中间混凝土梁段截面尺寸为 250mm×400mm，长度 2600mm，预制混合梁预制部分高度 310mm，叠合层高度 90mm，预制混凝土柱与预制混合梁之间通过钢结构的形式进行栓焊连接。试件考虑楼板影响，设置宽度为 1200mm（约为跨度的 1/3），厚度为 90mm 的楼板。

预制混凝土柱配纵筋为 12⏀22，配箍筋为 ⏀10@75/150，预制混合梁混凝土梁端对称配筋，拉压区均配纵筋 3⏀16，配箍筋 ⏀10@100/200，纵筋与钢接头段连接板进行双面焊接，焊接长度不小于 5 倍纵筋直径。楼板双层双向配筋均为 φ8@200，在柱边开洞处设置加强筋，每侧 3φ12。

5.1.2　材料力学性能

柱混凝土强度等级 C60，预制混合梁和楼板混凝土强度等级 C30，后浇混凝土强度等级 C35。制作时预留边长为 150mm 的混凝土立方体试块，并与试件同条件养护。预制柱、预制混合梁和后浇混凝土的实测混凝土平均抗压强度分别为 66.8MPa、35.7MPa 和 36.7MPa。根据《金属材料 拉伸试验 第 1 部分：室温试验方法》GB/T 228.1—2021[1]，钢材实测力学性能见表 5.1-1。

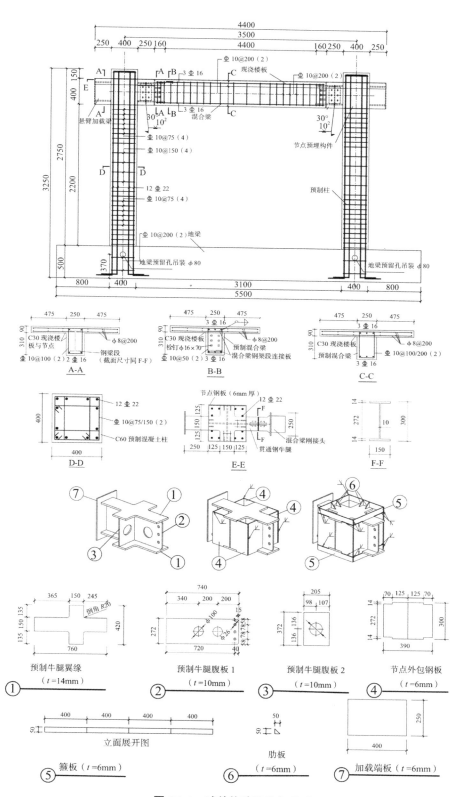

图 5.1-1 试件构造及几何尺寸

				表 5.1-1
		钢材力学性能		
类型	d, t（mm）	f_y（MPa）	f_u（MPa）	δ（%）
钢筋	8	453	685	28
	10	426	646	26
	16	460	652	27
	22	432	613	27
钢板	6	406	546	27
	10	352	521	26
	14	347	494	20

5.1.3　试验装置与加载制度

试验加载装置如图 5.1-2 所示。为实现框架底部固接边界条件，采用箱形钢压梁及地脚螺栓将试件地梁固定于刚性地面。柱顶采用 200t 竖向千斤顶施加轴压，试验轴压比 0.15，加载过程中保持恒定，竖向千斤顶与反力架之间设置滚轴支座，确保加载中千斤顶随柱顶侧移而移动。外侧加载端采用 500t 千斤顶施加水平荷载，通过 4 根直径 40mm 丝杆及 80mm 厚钢板作为夹具传递水平作用力。此外，试件中部设置平面外防护钢梁，两端与反力架固定，以约束试件平面外变形。

（a）加载装置示意

（b）加载现场

图 5.1-2　试验加载装置

试验加载制度采用荷载－位移混合控制。首先进行预加载，在柱顶施加设计轴压力 50% 的竖向荷载，且水平方向施加 30kN 的荷载，以消除试件与试验装置之间的缝隙，确保试件及加载装置之间各部分接触良好，并检查各类仪表是否正常工作，待预加载完成后，开始进行正式加载。正式加载时，屈服前采用荷载控制并分级加载，每级荷载增量 100kN，每级循环 1 次，位移控制模式下，以屈服荷载对应的屈服位移为级差，即按照 $1\Delta_y$、$2\Delta_y$、$3\Delta_y$……进行加载，每级循环 2 次，直至承载力下降到峰值荷载的 85% 以下，或试件发生严重变形不适于继续加载时，试验结束。

5.1.4　测点布置及量测内容

主要量测内容包括：加载点处荷载和水平位移、柱底及柱顶弯曲变形、预制混合梁钢接头段弯曲变形、预制混合梁混凝土梁段弯曲变形、梁柱节点核心区剪切变形、各构件钢筋及节点钢构件应变等。试件荷载－位移曲线由力传感器和位移计测得，为分析加载过程中关键部位钢筋及钢材应变发展规律，在浇筑混凝土前于相应位置粘贴单向应变片或三向应变花。图 5.1-3 所示为位移计及应变片布置方案。

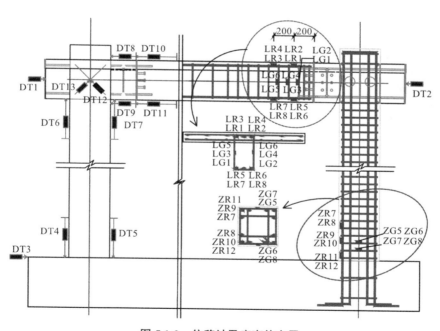

图 5.1-3　位移计及应变片布置

5.2　试验结果与分析

5.2.1　试验现象

预制混凝土柱、预制混合梁端部和楼板破坏过程如图 5.2-1 所示。初始裂缝主要出现在柱底和梁端。随着荷载的增加，梁柱裂缝逐渐扩展，并开始呈斜向发展趋势。

加载至位移角 θ=1.3% 时，预制混合梁两端裂缝贯穿梁底部并斜向发展，随后楼板裂缝延伸至梁端，且柱底裂缝开始斜向发展。当加载至 θ=2.08% 时试件达到峰值荷载，预制混合梁端部部分混凝土剥落。当加载至 θ=3.32% 时，预制混合梁在距柱边约 270mm 附近形成塑性铰，塑性铰长度约 220mm，梁端混凝土大面积剥落，试件承载力降至峰值荷载的 85% 以下，加载结束。

　　试件呈现为典型的梁铰破坏机制。破坏过程大致可分为弹性、弹塑性和破坏阶段。弹性阶段试件出现少量裂缝，弹塑性阶段裂纹充分发展，破坏阶段承载力缓慢下降。

（a）混凝土开裂（θ=0.19%）

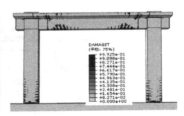

（b）裂缝发展（θ=0.42%）

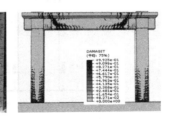

（c）屈服（θ=1.3%）

（d）峰值（θ=2.08%）

图 5.2-1　试验和有限元模拟试件破坏过程（一）

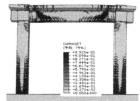

（e）塑性铰发展（θ=2.93%）

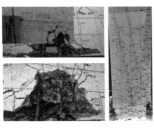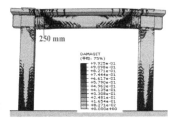

（f）试件破坏（θ=3.32%）

图 5.2-1　试验和有限元模拟试件破坏过程（二）

5.2.2　滞回曲线与骨架曲线

如图 5.2-2 所示为试件的滞回曲线。由图可知，滞回曲线饱满，存在一定的捏拢现象，整体呈典型的弓形。初期滞回环狭窄纤细，残余变形及累积耗能相对较小；试件进入屈服阶段后，由于裂缝充分开展和部分钢筋屈服，滞回环面积开始逐渐增大，耗能能力不断增强，卸载后的残余变形逐渐增大；达到峰值荷载后，承载力缓慢下降。

骨架曲线见图 5.2-3。骨架曲线具有明显的弹性阶段、弹塑性阶段和破坏阶段。试件在破坏阶段的骨架曲线下降缓慢，破坏模式为钢梁段与混凝土段连接处的混凝土梁弯曲破坏，极限位移角为 3.32%。表明该结构具有良好的延性和变形能力。

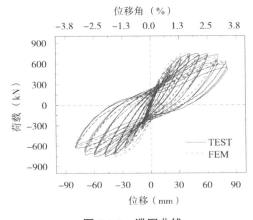

图 5.2-2　滞回曲线

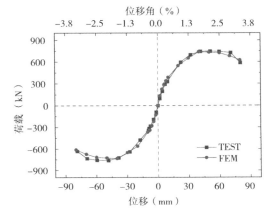

图 5.2-3　骨架曲线

5.2.3　特征点荷载及延性

试件特征点荷载与位移、位移延性系数见表 5.2-1。屈服荷载采用 Park 法计算[2]，极限位移 Δ_u 为水平荷载降至峰值荷载 85% 时对应的位移。

特征点荷载、位移及延性　　　　　　　　　　　表 5.2-1

类型	屈服点		峰值点		破坏点		位移延性系数
	P_y（kN）	Δ_y（mm）	P_m（kN）	Δ_m（mm）	P_u（kN）	Δ_u（mm）	
试验	659.70	29.60	754.04	49.88	640.34	77.34	2.63
有限元	662.30	31.23	735.07	48.34	624.81	78.46	2.52
误差	0.39%	5.51%	2.52%	3.10%	2.43%	1.44%	4.12%

5.2.4　刚度与强度退化

采用承载力降低系数 λ 评估试件承载力的退化程度。承载力退化曲线如图 5.2-4 所示，λ 由正负向荷载平均值求得。由图可知，试件承载力降低系数随位移的增加在 0.96 上下浮动，表明结构具有稳定的承载力退化特性。

归一化割线刚度退化曲线如图 5.2-4 所示，K_0 表示初始刚度。由图可知，刚度未出现明显的突降，试件刚度在加载初期退化较快，加载进入屈服后刚度随荷载的增加呈稳定缓慢的下降趋势。试件进入屈服时的刚度可保持为初始刚度的 41%，达到峰值荷载时刚度为初始刚度的 28%，最终破坏时刚度仍保持在初始刚度的 15%，表明结构具有较好的刚度维持能力。

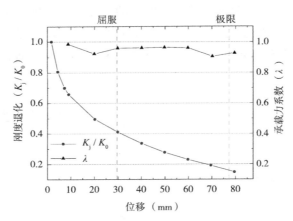

图 5.2-4　承载力降低系数和刚度退化曲线

5.2.5　耗能能力

采用累积耗能及等效黏滞阻尼系数评估结构的耗能能力，如图 5.2-5 所示。由图可知，试件能量耗散随水平位移的增加而逐渐增大；在弹性阶段，耗能能力较小，试件屈服时，其累积耗能仅为总能耗的 6%，屈服阶段预制混合梁两端形成塑性铰，表现出良好的耗能能力。

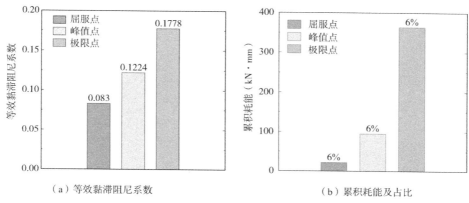

（a）等效黏滞阻尼系数　　　　　（b）累积耗能及占比

图 5.2-5　耗能能力

5.2.6　变形分析

框架结构的节点变形主要由四部分组成，包括：节点域剪切变形（θ_n）、柱弯曲变形（θ_c）、预制混合梁混凝土段弯曲变形（θ_{bc}）和钢梁段的弯曲变形（θ_{bs}）。不同位移角下的节点各组分变形如图 5.2-6 所示。当 $\theta<0.18\%$ 时，试件的变形主要由梁的变形和柱的变形组成。随着荷载的增加，节点域剪切变形比例降低。当试件破坏时，节点域剪切变形仅占总变形量的一小部分，梁变形占比最大。

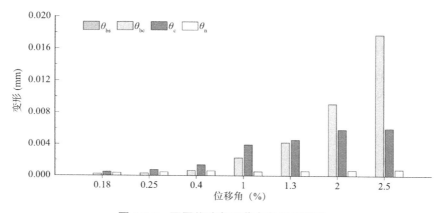

图 5.2-6　不同位移角下节点各组分变形

5.2.7　应变发展与塑性铰发展

1. 梁柱纵筋应变

梁柱纵筋荷载–应变曲线如图 5.2-7 所示。由图可知，梁纵筋早期应变发展缓慢；加载至 650kN 时试件屈服，此时预制混合梁梁端纵向钢筋也进入屈服。随着水平荷载不断增加，预制混合梁端部形成塑性铰，纵筋荷载 – 应变曲线包络面积显著增加，如图 5.2-7（a）所示。由图 5.2-7（b）可知，柱纵筋应变塑性发展较少，柱底损伤程度较轻。

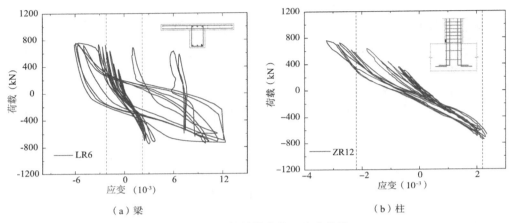

（a）梁　　　　　　　　　　　　　　　（b）柱

图 5.2-7　梁柱纵筋荷载 – 应变曲线

2. 钢材应变

为分析钢节点连接混凝土框架中节点牛腿贯通翼缘的应力发展及应力传递机制，在节点内部翼缘及连接段钢接头翼缘表面同一水平线上设置了若干应变片（F1 ~ F4），如图 5.2-8（a）所示。图 5.2-8（b）、图 5.2-8（c）分别为 F1、F3 和 F4 的荷载 – 应变关系曲线，图 5.2-9 所示为应变发展趋势。由图可知，加载前期 F1 及 F3 应变较小且增长较为缓慢，节点域靠近梁端翼缘处应变小于梁端接头翼缘应变，试件达到峰值荷载后应变增长迅速，节点域翼缘应变超过钢梁段翼缘应变；节点内部翼缘中心处测点 F4 应变始终较小，因节点域中心翼缘截面较大，对钢接头翼缘所传递的应力有一定的扩散作用，表明应力可由预制混合梁钢梁段翼缘有效传递至节点内。

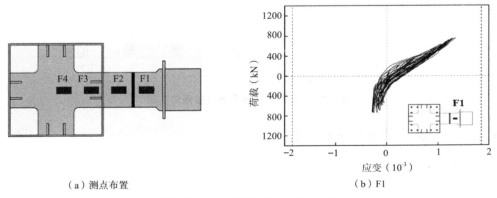

（a）测点布置　　　　　　　　　　　　　（b）F1

图 5.2-8　钢接头测点布置及荷载 – 应变关系曲线（一）

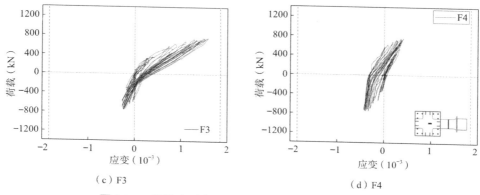

（c）F3 （d）F4

图 5.2-8 钢接头测点布置及荷载－应变关系曲线（二）

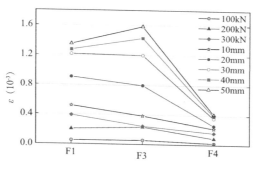

图 5.2-9 F1~F4 应变发展趋势

5.3 数值模拟与分析

5.3.1 数值模型建立

1. 单元与网格划分

模型中，所有钢筋部件均采用 2 节点线性桁架单元（T3D2）进行模拟；对梁柱及楼板混凝土部分以及钢构件，采用 8 节点缩减积分格式的三维实体单元（C3D8R）模拟。经过网格划分测试，最终确定模型网格尺寸为 20mm，地梁网格尺寸为 100mm。有限元模型及部分部件网格如图 5.3-1 所示。

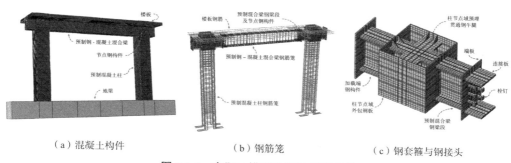

（a）混凝土构件 （b）钢筋笼 （c）钢套箍与钢接头

图 5.3-1 有限元模型及部分部件网格

2. 材料本构

有限元分析中钢筋及钢材本构采用双折线等向强化模型，强化段弹性模量取 $0.01E_s$，泊松比取 0.3，且遵循 Mises 屈服准则。

选用塑性损伤模型对混凝土材料进行模拟，该模型遵循 Lee 等对 Lubliner 模型进行修正后的屈服准则[3-4]，并采用各向同性硬化理论和非相关联流动模型[5]。

混凝土单轴应力 – 应变关系采用《混凝土结构设计规范》GB 50010—2010[6]建议的表达式计算。依据文献 [7] 中的相关要求，对于混凝土单轴受压应力 – 应变曲线，在曲线下降到峰值荷载的 1/2 时，对曲线进行截断。塑性损伤模型中损伤因子的计算采用了 Sidoroff[8] 在 1981 年根据能量等效原理提出的方法，塑性损伤模型中的其他参数设置如表 5.3-1 所示，由于混凝土由拉应力转变为压应力时因裂缝闭合受压刚度可部分恢复，而受压转为受拉时的受拉刚度不恢复，故受拉刚度恢复系数 ω_t 取 0，受压刚度恢复系数 ω_c 取 0.4。

塑性损伤模型参数设置　　　　　　　　　　　　　　　表 5.3-1

ψ	ε	σ_{b0}/σ_{c0}	K_c	μ
38°	0.1	1.16	0.6667	0.005

3. 接触关系

对于框架的各构件纵筋、箍筋及其他构造钢筋，在将其进行拼装后，通过合并（Merge）命令将各独立钢筋融合为钢筋笼整体。

对于钢筋笼以及埋于混凝土内部的钢构件部分，选取嵌入（Embed）的方法，将其嵌入至混凝土部件中，不考虑其与混凝土之间的相对滑移。此外，考虑到预制混合梁纵筋与钢接头段连接板通过焊接的形式进行传力，也同样通过将纵筋与连接板重合的部分嵌入至连接板，以实现力的传递。

对于混凝土整浇或有钢筋贯通，且在试验过程中没有产生相对滑移的截面，如预制混凝土柱地面与地梁顶面等，采用绑定（Tied）的方式来模拟截面间的相互作用。

对于施加荷载的表面，诸如预制混凝土柱顶面（施加轴压）、水平力加载端面（施加水平荷载）等，设置参考点与表面进行自由度耦合（Coupling），以便后续施加荷载、提取数据等操作。

对于不同材料交界处（包括新老混凝土之间）且有相对滑动现象出现的表面，例如节点钢套箍与混凝土之间，采用接触（Contact）的形式对其进行模拟，在接触面法向上，采用"硬接触"的准则进行模拟，即二者之间的单元节点不允许相互渗透，但可传递法向上的应力，且允许接触后再次分离；在接触面切向上，采用"罚"准则进行模拟，即通过定义接触面之间的摩擦系数来模拟两部件间的相互摩擦、粘结及滑移，依据 ACI 318 规范[9]，建议钢与混凝土接触面之间摩擦系数取 0.6，新老混凝土接合面之间摩擦系数取 1.0。

4. 边界条件与加载过程

试验中使用压梁将地梁固定于刚性地面,与地面间的滑移可忽略不计,因此在模型中,可将地梁底面设置为固定,约束所有自由度。在前述部件间相互作用中,有荷载作用的表面均设置了加载点耦合自由度,因此可分别在柱顶及水平力加载端的参考点上施加轴压力、水平荷载及位移,加载制度与试验相同。

5.3.2 数值模型验证

1. 破坏模式比较

有限元模拟和试验结果在裂缝发展、塑性铰长度和裂缝间距等方面基本一致,详见表5.3-2。模拟得到的钢筋与钢材的应力云图如图5.3-2和图5.3-3所示。当 $\theta=1\%$ 时,梁纵向钢筋开始屈服,位移角增加到 1.33% 时,柱底纵筋开始屈服。当 $\theta=3.33\%$ 时,梁端和柱底纵向钢筋大部分屈服。在整个加载过程中,钢套箍和钢接头保持弹性,与试验结果一致。总体来说,有限元结果与试验结果吻合较好。

有限元与试验结果比较   表 5.3-2

位移角	相同特征	不同特征
1/550	梁段端部、板顶出现弯曲裂缝	试验中柱底出现裂缝,有限元分析没有
1/250	产生若干新裂缝,楼板顶部底部均可观测到横向裂缝	有限元模型柱底裂缝范围相对集中
1/100	原有弯曲裂缝斜向发展	—
1/75	基本不再产生新裂缝,梁端裂缝逐渐交错、贯通,主裂缝基本形成	—
1/50	均产生了较为明显的塑性变形,混凝土损伤较为严重,但尚未发生破坏	—
1/30	梁铰距离柱边 250mm,梁铰长度 450mm	梁铰距离柱边约 270mm,梁铰长度 460mm

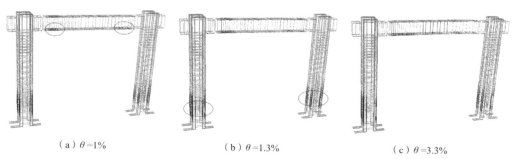

(a) $\theta=1\%$ (b) $\theta=1.3\%$ (c) $\theta=3.3\%$

图 5.3-2　钢筋应力云图

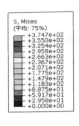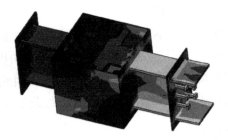

图 5.3-3　钢节点应力分布

2. 滞回曲线、骨架曲线及特征点荷载

有限元模型与试验的滞回曲线对比如图 5.3-4 所示。由图可知，有限元模型的初始刚度比试验模型略大，残余变形略小，滞回曲线和特征点荷载与试验值吻合较好。有限元与试验结果的骨架曲线对比如图 5.3-5 所示。有限元和试验得到试件特征点荷载和位移的误差在 10% 以内，屈服荷载和极限荷载的最大误差在 4% 以内。总体而言，滞回曲线、骨架曲线、特征点荷载与试验结果吻合较好。

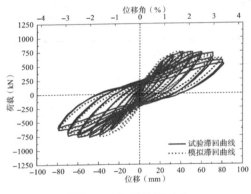

图 5.3-4　滞回曲线对比

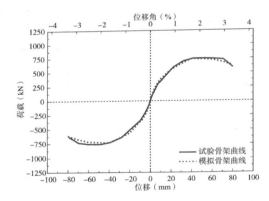

图 5.3-5　骨架曲线对比

5.3.3　参数分析

为研究不同参数对结构受力性能的影响，基于单调加载下的有限元模型进行了参数分析。研究了轴压比、楼板宽度和梁柱刚度比影响。

1. 轴压比

图 5.3-6（a）和图 5.3-7（a）所示为轴压比对结构受力性能的影响，包括：荷载 – 位移曲线、初始刚度、极限承载力、极限位移比和延性系数。随着轴压比的增加，结构初始刚度变化不大，极限承载力显著增加，破坏阶段承载力退化更快，延性性能下降。当轴压比由 0.1 增加到 0.15、0.2、0.3、0.4 和 0.5 时，极限承载力分别提高了 5.1%、11.8%、20.0%、26.3% 和 30.2%，基本呈线性增长。极限位移角分别降低了 12.7%、16.8%、24.8%、30.3% 和 35.6%，延性系数分别降低了 6.4%、

19.8%、29.9%、37.2% 和 43.3%。因此，轴压比的增加尽管会在一定程度上增大结构的刚度及极限承载力，但在很大程度上降低了结构的弹塑性变形及延性性能。

2. 楼板宽度

楼板宽度的影响见图 5.3-6（b）和图 5.3-7（b）。与未考虑楼板影响的模型相比，楼板宽度为 1200mm 的模型初始刚度提高了 21.3%，极限承载力提高了 15.1%。当楼板宽度大于 1200mm 时，结构荷载 – 位移曲线基本重合，承载力未增加。楼板与预制混合梁的协同工作在一定程度上增强了框架梁的抗弯能力，抑制了梁端混凝土损伤发展，并影响"强柱弱梁"屈服机制的实现。因此，应充分并合理地考虑楼板对框架结构的影响，避免整体结构的屈服机制发生变化。

3. 梁柱线刚度比

不考虑楼板的影响，梁柱线刚度比分别取 0.268、0.357、0.446、0.513、0.625，分析得到梁柱刚度比的影响见图 5.3-6（c）和图 5.3-7（c）。由图可知，在不同梁柱线刚度比下，结构均呈现梁铰破坏，但在梁柱线刚度比最小的模型中，柱的剪跨比较小，因此有一定剪切破坏的趋势。此外，随着梁柱线刚度比的增大，柱反弯点逐渐向柱中间部位移动，进而导致柱底所受弯矩变小，柱端及梁端所受弯矩逐渐增大，有利于梁铰机制形成。

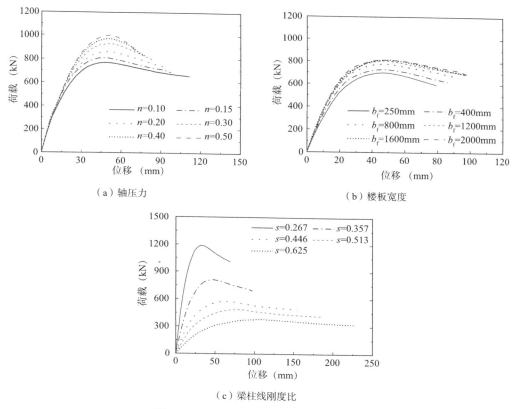

（a）轴压力

（b）楼板宽度

（c）梁柱线刚度比

图 5.3-6 不同参数荷载 – 位移曲线对比

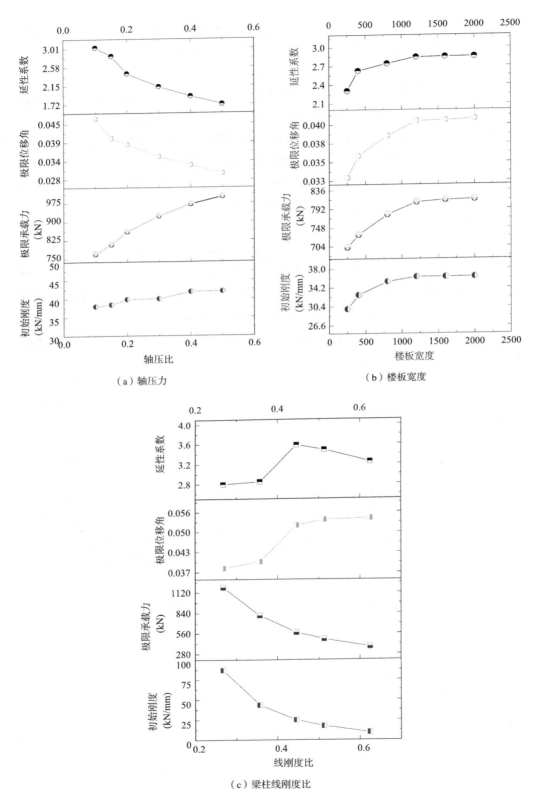

（a）轴压力　　　　　　　　　（b）楼板宽度

（c）梁柱线刚度比

图 5.3-7　不同参数特征指标对比

5.4 框架抗侧刚度

钢节点连接装配式混凝土框架可采用 D 值法计算其抗侧刚度。由于预制混合梁在长度方向上抗弯刚度改变，因此在采用 D 值法进行框架刚度计算时，采用第 2 章提出的简化计算方法，对预制混合梁的抗弯刚度进行修正，采用修正后的抗弯刚度进行整体框架刚度计算。

根据上述计算方法得到修正后的预制混合梁线刚度，并考虑楼板对预制混合梁的抗弯刚度放大效应，采用 D 值法对结构试验及有限元模型的框架抗侧刚度进行计算，计算值与试验结果或模拟结果的对比如表 5.4-1 所示。由表可知，框架抗侧刚度计算值与试验值或模拟值的误差均在 10% 以内，表明所提出的简化计算方法可用于计算钢节点连接装配式混凝土框架的抗侧刚度。

抗侧刚度计算值与试验值 / 模拟值对比 表 5.4-1

编号	抗侧刚度计算值（kN/mm）	抗侧刚度试验 / 模拟值（kN/mm）	误差
1	42.5	43.5	2.30%
2	31.1	34.5	9.86%
3	33.8	36.7	7.90%
4	38.4	40.0	4.00%
5	45.5	44.5	2.25%
6	92.2	87.1	5.86%
7	23.2	24.8	6.45%
8	16.8	17.2	2.33%
9	9.2	9.4	9.80%

5.5 小结

（1）钢节点连接装配式混凝土框架最终破坏模式为梁铰破坏模式，结构损伤主要集中于预制混合梁混凝土梁段端部，而预制混凝土柱损伤较轻，钢节点基本未进入屈服，钢节点与混凝土之间传力可靠，试件整体满足"强柱弱梁"及"强节点弱构件"的设计理念。

（2）钢节点连接装配式混凝土框架滞回曲线饱满，呈典型的弓形，具有较好的耗能能力，极限位移角为 3.32%，延性系数 2.63，具有良好的弹塑性变形及延性性能。

（3）有限元模型模拟了结构的破坏模式、滞回曲线和骨架曲线等特征。与试验结果相比，模拟得到特征点荷载和位移误差均在 10% 以内，屈服荷载和极限荷载的最大误差均在 4% 以内。

（4）有限元参数化分析表明，随轴压比的增加，钢节点连接装配式混凝土框架的荷载 - 位移曲线初始刚度没有明显变化，极限承载力显著增加，破坏阶段承载力退化加速，延性下降。与未考虑楼板影响的模型相比，楼板宽度为 1200mm 的模型初始刚度提高了 21.3%，极限承载力提高了 15.1%。随着梁柱线刚度比的增大，柱的剪切破坏趋势得到改善。

（5）采用钢节点连接装配式混凝土框架抗侧刚度的简化计算方法得到的计算值与试验和模拟值误差在 10% 以内。

参考文献

[1] 国家市场监督管理总局，国家标准化管理委员会 . 金属材料 拉伸试验 第 1 部分：室温试验方法：GB/T 228.1—2021[S]. 北京：中国标准出版社，2021.

[2] 赵国藩 . 高等钢筋混凝土结构学 [M]. 北京：机械工业出版社，2005.

[3] Lubliner J，Oliver J，et al. A plastic-damage model for concrete[J]. Int J Solids Struct，1989，25（3）：299-326.

[4] Lee J，Fenves G L. Plastic-damage model for cyclic loading of concrete structures[J].J Eng Mech ASCE，1998，124（8）：892-900.

[5] Yan J. Finite element analysis on ultimate strength behavior of steel concrete steel sandwich composite beam structures[J]. Mater. Struct，2015，48（6）：1645-1667.

[6] 中华人民共和国住房和城乡建设部 . 混凝土结构设计规范：GB 50010—2010[S]. 北京：中国建筑工业出版社，2015.

[7] 曹金凤，石亦平 .ABAQUS 有限元分析常见问题解答 [M]. 北京：机械工业出版社，2009.

[8] Sidoroff F. Description of anisotropic damage application to elasticity [C] //Proceeding of IUTAM Colloquium on Physical Nonlinearities in Structural Analysis. Berlin：Springer-Verlag，1981：237-244.

[9] ACI-318 Building Code Requirements for Structural Concrete and Commentary[S]. Farmington Hills：American Concrete Institute，2019.

第6章 内嵌竖缝墙的钢节点连接装配式混凝土框架抗震性能

本章通过内嵌竖缝墙的钢节点连接装配式混凝土框架试件的低周反复加载试验，研究整体结构的损伤演化过程、破坏模式、滞回性能、承载力、刚度、延性、耗能能力及变形特征，并基于有限元软件 ABAQUS，研究竖缝墙的滞回性能及骨架曲线特征点参数的计算方法，揭示整体结构的抗震受力机理，提出多遇和罕遇地震下层间位移角限值，以期为工程应用提供依据。

6.1 试验概况

6.1.1 试件设计

以四层宿舍楼为试验原型，按 2/3 比例缩尺设计并制作了一个单层单跨结构模型试件。试件构造及几何尺寸如图 6.1-1 和图 6.1-2 所示。试件层高 2.6m，跨度 3.5m，柱截面尺寸为 400mm×400mm，梁截面尺寸为 250mm×400mm，其中预制部分长度为 2600mm，两端 H 型钢接头截面尺寸为 H300×150×10×14（mm），长度为 120mm。梁内钢骨为 H300×100×10×14（mm），腹板中部开设 3 个半径 R=50mm，间距为 500mm 的圆孔，如图 6.1-1（b）和图 6.1-2（a）所示。梁纵筋与钢骨翼缘采用双面焊缝连接，焊缝长度 150mm，如图 6.1-1（b）所示。梁柱节点外伸钢接头截面尺寸与梁钢接头相同，长度为 130mm，详见图 6.1-1（d）和图 6.1-2（a）。楼板厚 90mm，宽度 1200mm，其值为 6 倍楼板厚度和 1/3 跨度的较小值。具体设计参数见表 6.1-1。

试件主要设计参数 表 6.1-1

梁			柱			楼板	
纵筋配筋率（%）	箍筋间距（mm）	体积配箍率（%）	纵筋配筋率（%）	箍筋间距（mm）	体积配箍率（%）	纵向钢筋	横向钢筋
0.8	100/200	0.6/0.3	3.7	75/150	1.0/0.5	φ8@200	

根据设计所需竖缝墙提供的抗侧刚度，参考《高层民用建筑钢结构技术规程》JGJ 99—2015[1] 附录 D，确定竖缝墙宽 1200mm，高 2200mm，厚度为 150mm。其中，缝间墙高度为 1200mm，墙肢数为 4，缝宽 10mm，实体墙高度为 400mm。缝间墙墙肢每侧纵筋 2φ12，中间纵筋 2φ8，箍筋 φ8@150。实体墙上下端水平

筋 2 Φ 16，水平分布筋 ϕ 8@200。竖缝墙尺寸及配筋构造见图 6.1-1，制作流程如图 6.1-2 所示。

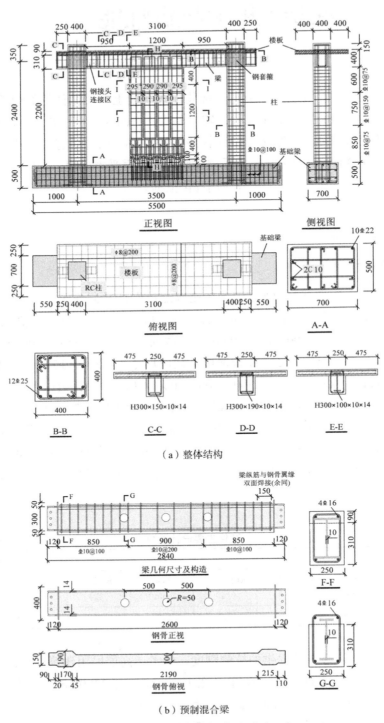

（a）整体结构

（b）预制混合梁

图 6.1-1　试件构造及几何尺寸（一）

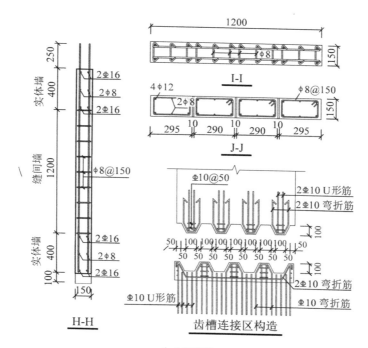

（c）竖缝墙

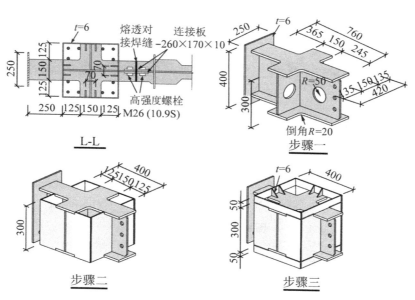

（d）钢接头连接区及梁柱节点

图 6.1-1 试件构造及几何尺寸（二）

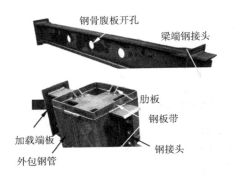

（a）钢套箍及钢骨

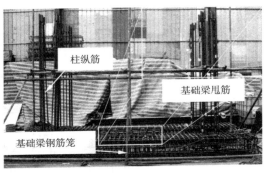

（b）基础梁钢筋笼、柱纵筋及基础梁甩筋

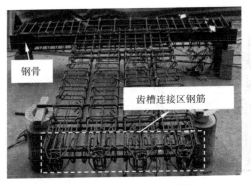

（c）预制混合梁及竖缝墙钢筋笼

（d）一体化制作的预制混合梁及竖缝墙

（e）整体结构拼装

（f）制作完成

图 6.1-2　试件制作流程

6.1.2　材料力学性能

梁、楼板和竖缝墙混凝土强度等级均为 C30，钢接头连接区及齿槽连接区后浇混凝土强度等级为 C35，柱混凝土强度等级为 C60。浇筑时各预留 6 个边长为 150mm 的标准立方体混凝土试块，与试件同条件养护。试验时实测混凝土立方体平均抗压强度分别为 35.7MPa、36.7MPa 和 66.8MPa。楼板和缝间墙钢筋、实体墙中间纵筋为 HPB300，其余钢筋为 HRB400，钢板采用 Q355B。拉伸试验[2]测得钢材力学性能指标见表 6.1-2。

钢材力学性能　　　　　　　　　　　　　　表 6.1-2

类型	部位	d, t（mm）	f_y（MPa）	f_u（MPa）	δ（%）
钢筋	楼板、竖缝墙	8	453.0	684.7	28.3
	实体墙	8	485.0	668.0	30.4
	梁、柱、齿槽连接区、基础梁	10	425.7	645.8	26.9
	竖缝墙	12	433.3	621.3	25.0
	梁、实体墙	16	460.0	652.0	27.7
	基础梁	22	432.3	613.2	27.0
	柱	25	450.3	623.6	28.8
钢板	核心区外包钢板、钢板带、肋板、加载端板	6	402.8	513.9	27.1
	钢骨腹板	10	411.3	535.6	28.7
	钢骨翼缘	14	424.6	576.5	26.9

6.1.3　试验装置与加载制度

　　试验加载装置如图 6.1-3 所示。基础梁通过地锚螺栓和箱形钢压梁固定在刚性地板上。柱试验轴压比为 0.15，柱顶采用两个 2000kN 液压千斤顶分级施加预定轴压力，并在加载过程中保持恒定。液压千斤顶上方通过滑动装置与刚性加载架相连，使试件能够在水平方向自由移动。梁两侧加载端板通过 4 根丝杠相连。5000kN 水平作动器北侧安装在反力墙上，南侧连接于加载端板对试件施加水平反复荷载。为防止试验时试件发生面外变形，在距基础梁顶面约 2/3 层高的柱两侧安装面外支撑。采用荷载 - 位移混合控制加载制度。屈服前采用荷载控制，增量为 100kN，每级循环 1 次；屈服后采用位移控制加载，增量为屈服位移的整数倍，每级循环 2 次，直至水平荷载下降到峰值荷载的 85% 以下时结束加载。试验加载速率为 1kN/s 或 0.5mm/s。规定水平作动器施加推力（南向）时为正向，施加拉力（北向）时为负向。

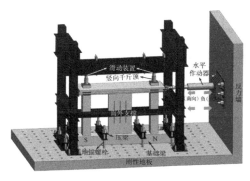

（a）加载装置示意

（b）加载现场

图 6.1-3　试验加载装置

6.1.4　测点布置及量测内容

试验中主要记录梁端加载点处的荷载和水平位移、缝间墙弯曲和剪切变形、实体墙剪切变形及节点核心区剪切变形，观测混凝土裂缝开展情况，并监测基础梁的水平滑移和转动变形。图 6.1-4 为位移计布置图。为研究试件各加载阶段应变水平及关键构造应力传递情况，在梁、柱纵筋和箍筋、钢骨、竖缝墙钢筋、楼板钢筋及节点核心区钢套箍上布置应变测点，测点布置如图 6.1-5 所示。

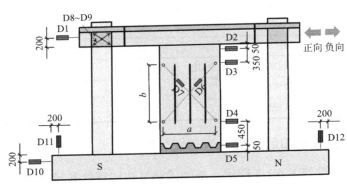

图 6.1-4　位移计布置图

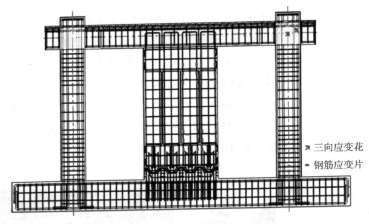

图 6.1-5　应变测点布置

6.2　试验现象及破坏形式

6.2.1　试验现象

当加载至位移角 $\theta = 1/1341$（水平位移 $\Delta = 1.8\text{mm}$）时，缝间墙上下端出现多条平均长度约 100mm，分布高度在 200mm 范围内的水平裂缝；齿槽连接区少量裂缝沿新旧混凝土结合面延伸开展；南侧梁端出现腹剪斜裂缝；楼板在竖缝墙宽度范围内出现多条横向裂缝。当加载至框剪结构弹性层间位移角限值 1/800（Δ=3.0mm）时，缝间墙水平裂缝延伸，实体墙出现斜裂缝，距基础梁顶面约 1000mm 处北柱出现弯曲裂缝，宽度极细，楼板裂缝延伸至梁腹部，齿槽连接区和梁裂缝基本不发展，见图 6.2-1（a）。

当加载至框架结构弹性层间位移角限值 1/550（Δ=4.4mm）时，缝间墙和实体墙原有裂缝继续发展并新增多条裂缝，缝间墙上端部分水平裂缝贯通；南柱出现若干条水平裂缝，距梁底 300mm 处南、北柱出现水平裂缝，见图 6.2-1（b）。当位移角 θ=1/250 ~ 1/100（Δ=9.6 ~ 24.0mm）时，缝间墙和实体墙新增若干条裂缝并不断延伸发展；柱身弯曲裂缝增加并逐渐沿斜向发展形成弯剪斜裂缝，见图 6.2-1（c）。

当位移角达到框架结构弹塑性层间位移角限值 1/50（Δ=48mm）时，缝间墙墙肢上下端斜裂缝交叉分布，根部水平裂缝贯通，角部混凝土压溃剥落，纵筋外露屈曲，柱根部混凝土保护层轻微压碎脱落，见图 6.2-1（d）。随着位移角增加，中间两肢缝间墙发生弯曲破坏，外侧两肢缝间墙根部发生剪压破坏。

当正向加载至位移角 θ=1/30（Δ=80.0mm）时，南侧钢接头连接区钢骨下翼缘焊缝断裂，正负向荷载下降至峰值荷载的 85% 以下，加载结束。最终破坏时，缝间墙纵筋压屈，南侧梁端与钢套箍交界面分离，北侧柱顶平均约 30mm 高度范围内混凝土压碎脱落，柱底约 100mm 高度范围内混凝土压碎脱落，柱身最大裂缝宽度 1.2mm，柱纵筋无外露、屈曲现象，见图 6.2-1（e）。

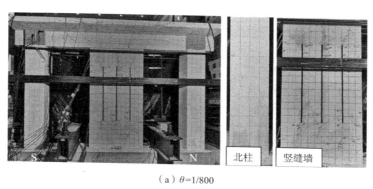

（a）θ=1/800

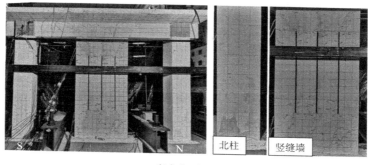

（b）θ=1/550

图 6.2-1　试件破坏形态（一）

（c）θ=1/250

（d）θ=1/50

（e）θ=1/30

图 6.2-1　试件破坏形态（二）

6.2.2　破坏特征分析

表 6.2-1 给出了试件在不同位移角下的钢材应变。图 6.2-2 ~ 图 6.2-4 为不同位移角下竖缝墙纵筋、箍筋及齿槽连接区的钢筋应变。由图 6.2-2 ~ 图 6.2-4 和表 6.2-1

可知：加载初期，试件处于弹性阶段；当加载至框架和框剪结构弹性层间位移角限值范围内时，缝间墙裂缝出现并逐渐发展，纵筋应变增加，实体墙、齿槽连接区和梁柱钢筋整体均处于低应变水平；随着位移角增加，缝间墙裂缝不断增加并延伸扩展，墙肢根部水平裂缝逐渐贯通，混凝土压碎剥落，纵筋应变达到屈服应变并迅速增长，塑性铰逐渐形成，发生明显的弯曲变形，竖缝墙耗能快速增长，柱身弯剪斜裂缝增加，但裂缝宽度较小；当达到框架结构弹塑性层间位移角限值时，中间两肢缝间墙根部混凝土压碎剥落、纵筋屈曲，柱根部混凝土轻微压碎剥落，梁柱纵筋应变超过屈服应变；位移角继续增加，刚度退化显著，中间两肢缝间墙塑性铰形成，外侧两肢缝间墙根部混凝土在压剪作用下压碎。

图 6.2-5 为钢套箍腹板的水平荷载 P- 剪应变 γ 曲线。剪应变 $\gamma = 2\varepsilon_{45} - (\varepsilon_0 + \varepsilon_{90})$，其中，$\varepsilon_0$、$\varepsilon_{45}$ 和 ε_{90} 分别为 0°、45° 和 90° 方向应变值。由图可知：钢套箍腹板角部区域剪应变发展快于中部，这是由于节点中部区域受压面积较大，斜压杆传力存在应力扩散现象；钢套箍腹板剪应变均未超过屈服应变，节点核心区钢套箍始终处于弹性状态。

选取加载过程中的三个典型状态（$\theta = 1/550$、$1/100$ 和 $1/50$），得到南侧钢接头连接区钢骨上翼缘不同位置处的应变，如图 6.2-6 所示。由图可知，越靠近节点核心区的钢骨上翼缘应变越大，且节点核心区内钢骨上翼缘与靠近核心区梁内钢骨上翼缘应变发展趋势基本相同，所采用节点形式传力性能可靠。

总体上，在罕遇地震作用下，实体墙多数钢筋处于弹性状态，竖缝墙宽度范围内梁基本无损伤，齿槽连接区钢筋及梁柱节点钢套箍基本保持弹性，结构损伤主要集中于竖缝墙，主体结构损伤较轻。

不同位移角下的钢材应变　　　　表 6.2-1

部位	实测微应变				
	$\theta=1/800$	$\theta=1/550$	$\theta=1/250$	$\theta=1/50$	$\theta=1/30$
缝间墙纵筋	398	879	<u>2640</u>	—	—
实体墙纵筋	156	167	244	<u>3345</u>	—
梁纵筋	27	55	648	<u>2367</u>	<u>2724</u>
柱纵筋	87	140	1541	<u>3587</u>	—
钢骨上翼缘	75	158	434	<u>2155</u>	×
钢套箍	46	72	290	589	996

注：1. 表中数据加下划线表示材料实测应变值超过材料屈服应变 ε_y；

2. "—"表示数值超过应变片量测范围；

3. "×"表示由于焊缝断裂应变数据视为无效；

4. 钢套箍应变数值为剪应变。

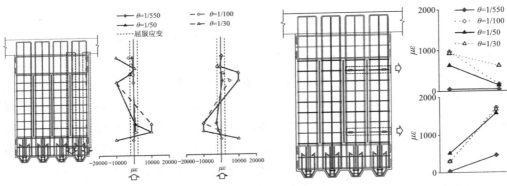

图 6.2-2　竖缝墙纵筋应变分布　　　　图 6.2-3　缝间墙箍筋应变分布

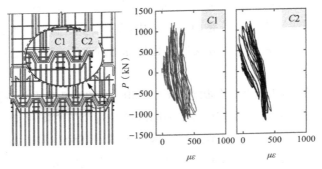

图 6.2-4　齿槽连接区钢筋应变

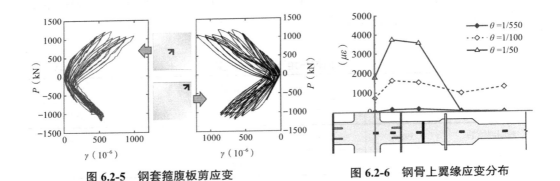

图 6.2-5　钢套箍腹板剪应变　　　　图 6.2-6　钢骨上翼缘应变分布

6.3　试验结果与分析

6.3.1　滞回曲线

图 6.3-1 所示为试件的滞回曲线。图中标出了正向加载时竖缝墙、梁、柱纵筋和楼板钢筋屈服时对应的试验点，以及南侧钢接头连接区钢骨上翼缘屈服和焊缝断裂对应的试验点。此外，图中还标出了峰值荷载 P_m 和竖缝墙中缝间墙发生弯曲破坏时的水平荷载 P_{scw} 与 P_m 之间的范围。选取单肢缝间墙及其上下实体墙作为一个

计算单元，P_{scw} 计算式为[1]：

$$P_{scw} = \frac{1.1t_w mxf_c \cdot l_1}{h_1}$$　　　　　　（6.3-1）

$$x = -B + \sqrt{B^2 + \frac{2A_s f_y (l_1 - 2a_1)}{tf_c}}$$　　　　　（6.3-2）

$$B = l_1 / 18 + 0.003h_0$$　　　　　　（6.3-3）

式中：t_w——墙厚度；

　　　m——缝间墙肢数；

　　　x——缝间墙根部截面混凝土受压区高度；

　　　f_c——混凝土轴心抗压强度；

　　　l_1——缝间墙墙肢宽度（含缝宽）；

　　　h_1——缝间墙高度；

　　　h_0——计算单元墙体高度；

　　　a_1——缝间墙墙肢受拉钢筋合力点至混凝土边缘的距离；

　　　A_s——单肢缝间墙受拉纵筋截面面积；

　　　f_y——缝间墙纵筋屈服强度。

由图 6.3-1 可知：①缝间墙纵筋屈服（$\theta=1/312$）前，滞回曲线基本呈线性变化，卸载后残余变形较小。缝间墙纵筋屈服到柱纵筋屈服过程中，滞回曲线斜率减小，刚度逐渐降低，呈现弹塑性特征。②当柱纵筋屈服（$\theta=1/129$）后，滞回曲线斜率进一步减小，弹塑性特征愈加显著，滞回环面积逐渐增大，耗能能力提高，同一加载级下承载力和刚度退化不显著。③当位移角增加至 1/50 时，梁纵筋、楼板钢筋和南侧钢接头连接区钢骨上翼缘逐次屈服（$\theta=1/69$、1/64、1/50），此时达到峰值荷载，梁、柱处于轻微损伤状态，缝间墙根部混凝土压碎剥落，纵筋塑性变形迅速增大并逐步压屈外露，竖缝墙充分发挥了其耗能作用，卸载后残余变形逐渐增大。④峰值荷载后，同一加载级下承载力和刚度退化明显，当正向加载至位移角 $\theta=1/30$ 时，梁端钢接头下翼缘焊缝断裂，此加载级下比前次加载级水平荷载大 1.3%，这是由于缝间墙斜撑作用所致，但第二循环加载时试件刚度迅速降低，承载力退化至第一循环水平荷载的 66%；第一循环负向加载级承载力降低幅值约等于 P_{scw}，表明结构承载力降低主要原因为缝间墙弯曲破坏。

总体上，加载前期（$\theta<1/130$）滞回曲线呈梭形，随着竖缝墙开裂膨胀，产生的约束轴力抑制裂缝进一步发展，有利于竖缝墙发挥其延性和耗能能力；加载后期（$\theta>1/130$）由于裂缝的反复张开闭合以及钢筋与混凝土之间的粘结滑移，滞回曲线有一定捏拢而呈弓形。

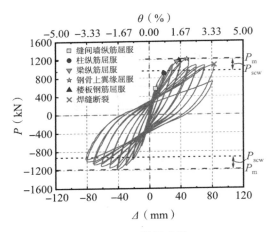

图 6.3-1　滞回曲线

6.3.2　骨架曲线、承载力及延性

图 6.3-2 给出了试件的骨架曲线。图中标出了框剪、框架结构的弹性层间位移角和弹塑性层间位移角限值。试件特征点荷载和对应位移角见表 6.3-1，其中 θ_y 为屈服位移角，采用 Park 法[3]确定；θ_m 为峰值位移角；极限位移角 θ_u 为水平荷载降至峰值荷载 85% 时对应的位移角，若未降至峰值荷载的 85%，θ_u 取最后一个加载级第一循环的最大位移角。

从图 6.3-2 和表 6.3-1 可知：①位移角 θ<1/550 时结构弹塑性特征不明显；②屈服荷载 P_y 为峰值荷载 P_m 的 85%，屈服位移角 θ_y 接近框剪结构的弹塑性层间位移角限值；③峰值荷载时对应的位移角接近框架结构弹塑性层间位移角限值；④位移角 θ=1/30 时，焊缝断裂使得承载力和刚度迅速下降。此时，结构位移角远大于规范[4]规定的框架结构弹塑性层间位移角限值，位移延性系数为 3.25，结构具有较好的变形能力。

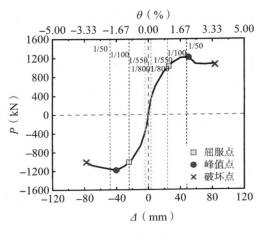

图 6.3-2　骨架曲线

特征点荷载和位移角   表 6.3-1

加载方向	P_y（kN）	θ_y（%）	P_m（kN）	θ_m（%）	θ_u（%）	μ
正向	1022.2	1.06	1214.9	2.10	3.47	3.27
负向	−1014.4	−1.01	−1185.7	−1.68	−3.23	3.22
平均	1018.3	1.04	1200.3	1.89	3.35	3.25

6.3.3 抗侧刚度

1. 抗侧刚度理论值计算

整体结构的弹性抗侧刚度理论值 K_{cal} 计算式为：

$$K_{cal} = K_{frame} + K_{scw} \tag{6.3-4}$$

式中：K_{frame}——框架抗侧刚度；

K_{scw}——竖缝墙抗侧刚度。

其中，K_{frame} 采用 D 值法计算得到，计算时考虑楼板对梁刚度的放大作用，计算式为：

$$K_{frame} = 2 \cdot \alpha_1 \frac{12 i_{col}}{H_c^2} \tag{6.3-5}$$

$$\alpha_1 = \frac{0.5 + \bar{i}}{2 + \bar{i}} \tag{6.3-6}$$

$$\bar{i} = i_{beam} + i_{col} \tag{6.3-7}$$

$$i_{beam} = \left(E_{bc} I_{bc} + E_{bs} I_{bs}\right) / L; \quad i_{col} = E_c I_c / H_c \tag{6.3-8}$$

式中：α_1——刚度修正系数；

i_{beam}——梁线刚度；

i_{col}——柱线刚度；

E_{bc}——梁中混凝土弹性模量；

E_{bs}——梁中钢骨弹性模量；

E_c——柱混凝土弹性模量；

I_{bc}——混凝土梁截面惯性矩；

I_{bs}——钢骨截面惯性矩；

I_c——柱截面惯性矩；

L——梁计算跨度；

H_c——柱计算高度。

假定缝间墙纵筋屈服，并考虑剪切变形和约束轴力影响，竖缝墙抗侧刚度 K_{scw} 计算公式如下：

$$K_{scw} = \sum_{k=1}^{m} K_{scw,k} \tag{6.3-9}$$

$$K_{scw,k} = \frac{12B_1}{\xi h_1^3} \tag{6.3-10}$$

$$B_1 = \frac{E_s A_s (l_1 - a_1)^2}{1.35 + 6(E_s / E_{scw,c})\rho} \tag{6.3-11}$$

$$\xi = \left[\frac{35\rho f_y}{f_c} + 20\left(\frac{l_1 - a_1}{h_1}\right)^2 \right]\left(\frac{h_0 - h_1}{h_0}\right)^2 \tag{6.3-12}$$

$$\rho = \frac{A_s}{t(l_{10} - a_1)} \tag{6.3-13}$$

式中：$K_{scw,k}$——第 k 个缝间墙墙肢抗侧刚度；

ξ——考虑剪切变形影响的刚度修正系数；

$E_{scw,c}$——竖缝墙混凝土弹性模量；

l_{10}——缝间墙墙肢宽度（不含缝宽）；

ρ——缝间墙受拉纵筋配筋率。

计算得到竖缝墙的弹性抗侧刚度理论值 K_{cal}=167.7kN/mm。对于试验试件，弹性抗侧刚度取骨架曲线正负向切线刚度平均值[5]，试验值 K_{test}=151.9kN/mm。K_{cal} 和 K_{test} 相对误差为 10.4%，上述计算方法能够较好地预测内嵌竖缝墙的钢节点连接装配式混凝土框架结构的弹性抗侧刚度。

2. 刚度退化

采用环线刚度 K_{i1} 分析试件在低周反复荷载作用下结构的刚度退化特性，其表达式为：

$$K_{i1} = \frac{\sum_{j=1}^{n} P_{ij}}{\sum_{j=1}^{n} \Delta_{ij}} \tag{6.3-14}$$

式中：n——同一加载级下的循环次数；

P_{ij}——第 i 级加载的第 j 次循环时的最大荷载；

Δ_{ij}——第 i 级加载的第 j 次循环时的最大荷载对应位移。

图 6.3-3 为环线刚度退化曲线。由图可知：①缝间墙纵筋屈服（θ=1/312）前试件刚度退化较快，随着位移的增加刚度退化逐渐变缓；②柱纵筋屈服（θ=1/129）后，

刚度退化速率较为均匀；③位移角 $\theta>1/50$ 后，刚度退化速率更趋缓慢。

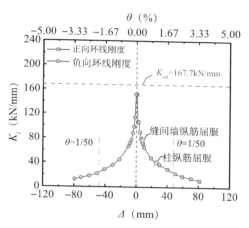

图 6.3-3　刚度退化曲线

6.3.4　耗能能力

采用累积滞回耗能 E_p 和等效黏滞阻尼系数 ζ_{eq} 评价结构的滞回耗能特性[6]，如图 6.3-4 和图 6.3-5 所示。由图 6.3-4 和图 6.3-5 可知：①缝间墙纵筋屈服（$\theta=1/312$）前结构处于弹性状态，累积耗能和等效黏滞阻尼系数均较小；②缝间墙纵筋屈服后，随着水平位移增加，累积耗能逐渐增加，等效黏滞阻尼系数增大至 5% 以上；③加载结束时 $\zeta_{eq}=0.19$，相比罕遇地震作用（$\theta=1/50$）时其增幅为 35.7%，且累积耗能在层间位移角达到 1/50 后仍持续稳定增加，结构具有较好的耗能能力。

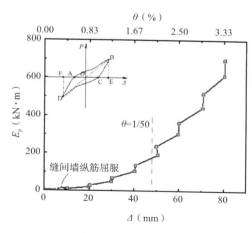

图 6.3-4　累积耗能曲线

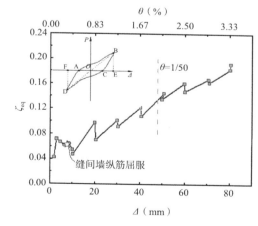

图 6.3-5　等效黏滞阻尼系数曲线

6.4　变形分析

6.4.1　节点变形

通过位移计 D8、D9（图 6.1-4）加载全过程的量测数据，可得到梁柱节点核心区剪切变形 θ_j 为：

$$\theta_j = \frac{1}{2}\Big[(\delta_1 + \delta_2) + (\delta_3 + \delta_4)\Big]\frac{\sqrt{a^2 + b^2}}{ab} \qquad (6.4\text{-}1)$$

式中：$(\delta_1+\delta_2)$——位移计 D8 的相对位移；

$\qquad (\delta_3+\delta_4)$——位移计 D9 的相对位移；

$\qquad a$——节点核心区对角测点的宽度；

$\qquad b$——节点核心区对角测点的高度。

图 6.4-1 为节点核心区在不同位移角下的剪切变形。其中 $|\Delta|$ 为节点核心区剪切变形绝对值，为 θ_j 与 Δh 之积。从图中可以看出，屈服前节点核心区剪切变形较小，约占总水平位移的 12%；之后剪切变形逐渐增大，但占总水平位移比例有所降低，峰值荷载时剪切变形占总水平位移的 11.7%；破坏时剪切变形占总水平位移的 10.3%。总体上，节点核心区剪切变形较小，钢套箍能够有效提高节点受力性能。

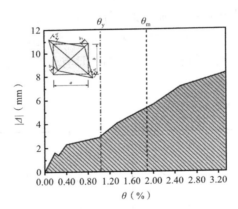

图 6.4-1　节点核心区剪切变形

6.4.2　竖缝墙变形

竖缝墙水平位移由缝间墙弯曲变形、剪切变形、上实体墙剪切变形和下实体墙剪切变形 4 部分组成。图 6.4-2 所示为竖缝墙各部分变形占墙体总变形的比例。加载初期缝间墙剪切变形约占墙体总变形的 17%，随着混凝土开裂和纵筋屈服，缝间墙剪切变形占墙体总变形的比例逐渐减小，弯曲变形占比逐渐增加；峰值荷载时缝间墙弯曲和剪切变形占墙体总变形的比例分别为 10% 和 81%，并在峰值荷载后基本保持不变；整个加载过程中，缝间墙弯曲变形占墙体总变形的 74% ~ 81%，缝间墙剪切变形占墙体总变形的 10% ~ 17%，实体墙剪切变形占墙体总变形的比例较小且变化不大，约为 4% ~ 6%。

不同加载级下缝间墙弯曲变形占总水平位移的比例可以反映竖缝墙的耗能能力发挥程度，如图 6.4-3 所示。当位移角 θ<1/75 时，缝间墙弯曲变形占比随位移角增加而增大，竖缝墙变形和耗能能力逐渐增强。此后由于斜撑作用，缝间墙和实体墙剪切变形占比有所增加，在柱弯曲变形和梁转动等因素的影响下，缝间墙弯曲变形占比逐渐减小。缝间墙弯曲变形与总水平位移的比例在 0.69 ~ 0.93 之间，表明竖缝墙通过缝间墙的弯曲变形较好地发挥了耗能能力。

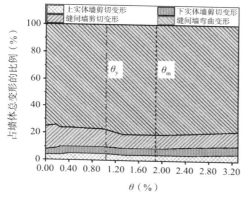
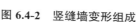

图 6.4-2 竖缝墙变形组成

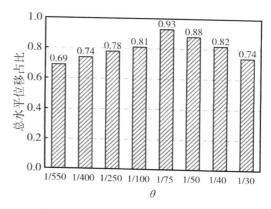

图 6.4-3 缝间墙弯曲变形位移占比

6.5 竖缝墙抗震性能分析与骨架曲线参数计算

为分析竖缝墙抗震性能和确定骨架曲线参数，研究其在反复荷载作用下荷载 – 位移关系全过程受力机理和对结构承载力和刚度的贡献，基于试验试件实际尺寸和材料性能实测值，采用 ABAQUS 软件建立了竖缝墙在低周反复荷载作用下的数值模型，如图 6.5-1 所示。混凝土采用 C3D8R 实体单元，钢筋采用 T3D2 桁架单元。约束混凝土本构采用 Mander 模型[7]，非约束混凝土本构采用文献 [8] 附录 C 中的单轴受压本构模型，钢筋本构采用子程序 PQ-Fiber[9] 提供的考虑承载力退化的 Clough 模型。钢筋采用 Embedded 命令嵌入混凝土中，竖缝墙顶底分别与加载梁和基础梁绑定（Tie），齿槽连接区混凝土之间采用面面接触，法向为硬接触，切向采用库仑 - 摩擦模型，摩擦系数 1.0[10]。约束基础梁底面所有平动和转动约束，仅释放加载梁 x 方向平动约束，使模型边界条件与试验一致。

采用与试验相同的加载制度对竖缝墙进行反复加载分析，得到荷载 – 位移（角）滞回曲线及骨架曲线如图 6.5-2 所示。模拟得到竖缝墙滞回曲线具有明显的捏拢现象，屈服位移为 4.8mm，屈服荷载为 182.3kN，峰值荷载为 263.6kN，破坏时对应的位移为 56.0mm，约为屈服位移的 11.7 倍。

为验证有限元模拟结果，提供便于工程设计的参数，对竖缝墙骨架曲线中的关键参数进行计算，表达式如下：

$$P_{\text{scw,y}} = \eta\, l_1 A_s f_y / h_1 \tag{6.5-1}$$

$$P_{\text{scw,u}} = 0.85 P_{\text{scw}} \tag{6.5-2}$$

$$\Delta_{\text{scw,y}} = P_{\text{scw,y}} / K_{\text{cal}} \tag{6.5-3}$$

$$\Delta_{\text{scw,m}} = \Delta_{\text{scw,y}} + \frac{P_{\text{scw}} - P_{\text{scw,y}}}{0.2 K_{\text{cal}}} \tag{6.5-4}$$

$$\Delta_{\text{scw,u}} = \frac{0.002 h_0 h_1}{(l_1 - a_1)\sqrt{\dfrac{\rho f_y}{f_c}}} \tag{6.5-5}$$

式中：$P_{\text{scw, y}}$——竖缝墙的屈服荷载；

$\quad\quad P_{\text{scw, u}}$——竖缝墙的极限荷载；

$\quad\quad \Delta_{\text{scw, y}}$——屈服荷载对应的位移；

$\quad\quad \Delta_{\text{scw, m}}$——峰值荷载对应的位移；

$\quad\quad \Delta_{\text{scw, u}}$——极限荷载对应的位移；

$\quad\quad \eta$——常数，取值见文献 [1]。

表 6.5-1 列出了模拟和按规范公式计算得到的竖缝墙骨架曲线特征点参数值。表中 P_{FE}、P_{cal} 分别为模拟和规范计算得到的荷载，Δ_{FE}、Δ_{cal} 分别为对应的位移。由图和表可知：①弹性受力阶段，竖缝墙模拟弹性抗侧刚度（切向刚度）为 45.9kN/mm，规范计算弹性抗侧刚度为 41.8kN/mm，前者为后者的 1.10 倍；②模拟和规范计算得到的极限位移误差为 0.4%；③模拟和规范计算的各特征点荷载相对误差为 1.3% ~ 7.0%。采用《高层民用建筑钢结构技术规程》JGJ 99—2015 计算的竖缝墙骨架曲线较为准确。

竖缝墙理论与模拟特征点荷载和位移对比　　　　　　　　　　表 6.5-1

方法	荷载 / 位移	屈服点	峰值点	破坏点
模拟	P_{FE}（kN）	182.3	263.6	224.1
	Δ_{FE}（mm）	4.8	20.5	56.0
理论	P_{cal}（kN）	204.6	260.2	221.2
	Δ_{cal}（mm）	4.9	14.0	55.8

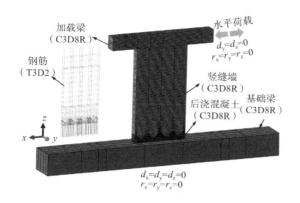

图 6.5-1 有限元模型

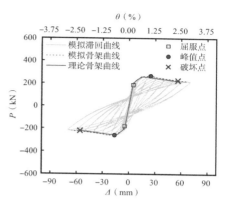

图 6.5-2 模拟滞回曲线及理论骨架曲线

6.6 内嵌竖缝墙的钢节点连接装配式混凝土框架受力机理分析

竖缝墙与上层梁一体浇筑，与下层梁通过齿槽连接区后浇混凝土连接，施工时不承受竖向荷载，实体墙具有足够的承载力，缝间墙为主要耗能元件。在地震作用下，缝间墙发生变形产生阻尼力，通过实体墙传递到与其相连的梁上，进而对梁产生附加弯矩和附加剪力，其受力机理如图 6.6-1（a）所示。以缝间墙几何中心作为阻尼力作用点，设每肢缝间墙产生的最大阻尼力为 F_{Di}，则缝间墙产生的总阻尼力 F_D 为：

$$F_D = \sum_{i=1}^{m} F_{Di} \tag{6.6-1}$$

式中：F_{Di}——每肢缝间墙的阻尼力，$F_{Di} = P_{scw}/m$。

实体墙根部剪力 V_w 和弯矩 M_w 分别为：

$$V_w = F_D \tag{6.6-2}$$

$$M_w = \frac{F_D(H - h_B)}{2} \tag{6.6-3}$$

式中：H——层高；

h_B——梁截面高度。

阻尼力对梁产生的弯矩 $M_B = F_D H/2$ 可等效为梁在实体墙两端位置的一对力偶 V_B。

$$V_B = F_D H/(2l) \tag{6.6-4}$$

式中：l——竖缝墙的宽度。

竖缝墙对实体墙两端梁截面产生的附加内力计算示意如图 6.6-1（b）所示，取半结构分析可得附加剪力 V_D 和附加弯矩 M_D 为：

$$V_D = \frac{F_D H (2L+l)(L-l)^2}{2l \cdot L^3} \tag{6.6-5}$$

$$M_D = \frac{F_D H l (2L+l)(L-l)^2}{4l \cdot L^3} \tag{6.6-6}$$

需要指出的是，《高层民用建筑钢结构技术规程》JGJ 99—2015 建议竖缝墙采用等效剪切膜参与整体结构进行内力分析，忽略了竖缝墙对梁端剪力的增大作用。此外，规程未对竖缝墙的构造措施作出具体规定。

为分析竖缝墙的受力性能，根据其破坏过程分为 3 个阶段（图 6.6-2）：

①阶段 ⅰ 。竖缝墙屈服前，其抗侧刚度分担比例约为 40%，水平荷载分担比例约为 39%，缝间墙出现水平裂缝并逐渐发展，实体墙部分纵筋屈服。

②阶段 ⅱ 。竖缝墙屈服后，其抗侧刚度和水平荷载分担比例逐渐下降，达到峰值荷载时对应位移 $\Delta_{\mathrm{scw, y}}$ 与整体结构屈服位移 Δ_y 接近，其抗侧刚度和水平荷载分担比例分别为 27% 和 26%，此阶段缝间墙墙肢根部水平裂缝逐渐贯通，斜撑作用 [图 6.6-1（a）] 逐渐显著，外侧两肢缝间墙弯剪斜裂缝增加。

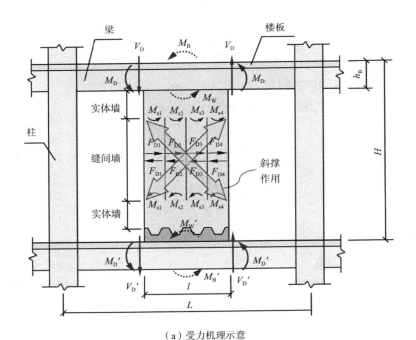

（a）受力机理示意

图 6.6-1 内嵌竖缝墙的钢节点连接装配式混凝土框架受力机理（一）

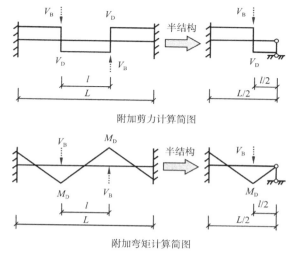

（b）实体墙两端梁截面附加内力计算简图

图 6.6-1　内嵌竖缝墙的钢节点连接装配式混凝土框架受力机理（二）

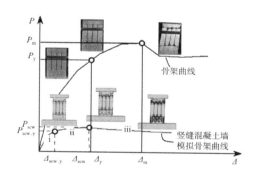

图 6.6-2　竖缝墙破坏过程

③阶段ⅲ。当竖缝墙达到峰值荷载后，缝间墙在约束轴力的有利作用下充分发挥了良好的延性和耗能能力，缝间墙根部裂缝完全贯通，最终在斜撑作用下，外侧两肢缝间墙根部混凝土在压剪作用下压碎，中间两肢缝间墙以弯曲机制为主，两端形成塑性铰。而类似的外侧与中间缝间墙墙肢差异性破坏现象在已完成的试验[11-12]中也不乏存在。

综上，建议竖缝墙设计时计入斜撑作用对外侧缝间墙墙肢的不利影响，考虑压弯剪复合受力对外侧缝间墙墙肢进行分析设计，并加强竖缝墙外侧缝间墙墙肢的抗剪配筋构造，进一步提高其耗能能力。

6.7　小结

（1）罕遇地震作用下，实体墙多数钢筋处于弹性状态，竖缝墙宽度范围内梁基本无损伤，齿槽连接区钢筋及梁柱节点钢套箍基本保持弹性；结构损伤主要集中于竖缝墙，表现为中间两肢缝间墙发生弯曲破坏，主体结构损伤较轻，外侧两肢缝间墙发生压弯剪混合破坏。

（2）内嵌竖缝墙的钢节点连接装配式混凝土框架滞回曲线较饱满，加载后期有一定的捏拢现象，极限位移角为 1/30，位移延性系数为 3.25，具有良好的变形和耗能能力。

（3）理论计算和试验得到的内嵌竖缝墙的钢节点连接装配式混凝土框架的弹性抗侧刚度相对误差为 10.4%，吻合较好。竖缝墙模拟和按规范公式计算得到的极限位移误差为 0.4%，各特征点荷载相对误差为 1.3%～7.0%。采用《高层民用建筑钢结构技术规程》JGJ 99—2015 计算竖缝墙的骨架曲线较为准确。

（4）内嵌竖缝墙的钢节点连接装配式混凝土框架可按多遇地震作用下弹性分析结构进行结构设计，并依据罕遇地震作用下弹塑性分析内力进行校核。建议多遇和罕遇地震作用下层间位移角限值分别按 1/800 和 1/100 控制。

（5）竖缝墙对实体墙两端梁截面产生附加剪力和附加弯矩，缝间墙的斜撑作用使外侧和中间缝间墙墙肢破坏形态具有差异性。建议竖缝墙设计时计入斜撑作用对外侧缝间墙墙肢的不利影响，考虑压弯剪复合受力进行分析设计，并加强外侧缝间墙墙肢的抗剪配筋且按剪力墙配筋构造，以提高其耗能能力。

参考文献

[1] 中华人民共和国住房和城乡建设部.高层民用建筑钢结构技术规程：JGJ 99—2015 [S].北京：中国建筑工业出版社，2015.

[2] 国家市场监督管理总局，国家标准化管理委员会.金属材料 拉伸试验 第 1 部分：室温试验方法：GB/T 228.1—2021 [S].北京：中国标准出版社，2021.

[3] Park R. Evaluation of ductility of structures and structural assemblages from laboratory testing [J]. Bulletin of the New Zealand National Society for Earthquake Engineering，1989，22（3）：155-166.

[4] 中华人民共和国住房和城乡建设部.建筑抗震设计规范：GB 50011—2010 [S].北京：中国建筑工业出版社，2016.

[5] Emami F，Mofid M，Vafai A. Experimental study on cyclic behavior of trapezoidally corrugated steel shear walls[J]. Engineering Structures，2013，48：750-762.

[6] 中华人民共和国住房和城乡建设部.建筑抗震试验规程：JGJ/T 101—2015 [S].北京：中国建筑工业出版社，2015.

[7] Mander J B，Priestley M J N，Park R. Theoretical stress-strain model for confined concrete [J]. Journal of structural engineering，1988，114（8）：1804-1826.

[8] 中华人民共和国住房和城乡建设部 . 混凝土结构设计规范：GB 50010—2010 [S]. 北京：中国
     建筑工业出版社，2015.

[9] 曲哲，叶列平 . 基于有效累积滞回耗能的钢筋混凝土构件承载力退化模型 [J]. 工程力学，
     2011，28（6）：45-51.

[10] ACI 318 Committee. Building code requirements for structural concrete（ACI 318-14）and
      commentary（ACI 318R-14）[S]. Farmington Hills：American Concrete Institute，2014.

[11] Sun G H，Yang C S W，Gu Q，et al. Cyclic Tests of steel frames with concealed vertical slits
      in reinforced concrete infill walls[J]. Journal of Structural Engineering，2017，143（11）：
      04017150.

[12] 赵伟，童根树，杨强跃 . 钢框架内填预制带竖缝钢筋混凝土剪力墙抗震性能试验研究 [J].
      建筑结构学报，2012，33（7）：140-146.

第7章 钢节点连接装配式混凝土框架设计

前面各章系统的构件、节点和整体结构力学与抗震性能的试验和理论研究结果表明，钢节点连接装配式混凝土框架结构体系的各项性能指标不低于现浇混凝土框架结构。本章结合上述研究成果和工程实践总结，给出钢节点连接装配式混凝土框架结构的设计控制指标。鉴于工程应用尚少，有待进一步总结经验，提出的设计控制指标仅供广大工程技术人员参考应用，特殊情况尚需进一步论证后采用。

7.1 结构抗震设计

钢节点连接装配式混凝土框架结构的平立面布置应符合现行国家标准《建筑抗震设计规范》GB 50011[1] 的有关规定。平面形状应简单、规则，不应采用严重不规则的平面布置；结构竖向布置应连续、均匀，应避免抗侧力结构的侧向刚度和承载力沿竖向突变。

7.1.1 最大适用高度及抗震等级

钢节点连接装配式混凝土框架结构体系适用于抗震设防烈度 8 度及以下地区。在抗震设防烈度为 6 度、7 度和 8 度的地区，钢节点连接装配式混凝土框架结构的最大适用高度和最大高宽比分别按表 7.1-1、表 7.1-2 确定。

钢节点连接装配式混凝土结构适用的最大高度（m）　　　　表 7.1-1

结构类型	抗震设防烈度			
	6 度	7 度	8 度（0.2g）	8 度（0.3g）
钢节点连接装配式混凝土框架结构	50	40	30	25
内嵌竖缝墙的钢节点连接装配式混凝土框架结构	60	50	35	30
钢节点连接装配式混凝土框架 – 现浇剪力墙结构	120	110	90	70

钢节点连接装配式混凝土结构适用的最大高宽比　　　　表 7.1-2

结构类型	抗震设防烈度	
	6 度、7 度	8 度
钢节点连接装配式混凝土框架结构	4	3
内嵌竖缝墙的钢节点连接装配式混凝土框架结构	5	4
钢节点连接装配式混凝土框架 – 现浇剪力墙结构	6	5

钢节点连接装配式混凝土框架结构的抗震等级可参照现行国家标准《建筑抗震设计规范》GB 50011 确定，对标准设防类的钢节点连接装配式混凝土框架结构，抗震等级按表 7.1-3 确定。

标准设防类钢节点连接装配式混凝土框架结构的抗震等级 表 7.1-3

抗震设防烈度	6 度		7 度		8 度	
高度（m）	≤ 24	>24	≤ 24	>24	≤ 24	>24
抗震等级	四	三	三	二	二	一

对于内嵌竖缝墙的钢节点连接装配式混凝土框架结构，其框架结构的抗震等级按表 7.1-3 执行；对于钢节点连接装配式混凝土框架 – 现浇剪力墙结构，其抗震等级可按《建筑抗震设计规范》GB 50011—2010 第 6.1.2 条执行。

7.1.2 位移角限值控制

试验结果表明，钢节点连接装配式混凝土框架结构在层间位移角为 1/550 时，结构未出现任何裂缝，整体结构处于弹性状态；对于内嵌竖缝墙的钢节点连接装配式混凝土框架结构，由于竖缝墙的刚度相对框架结构较大，承担了较大水平力，将在上述位移角之前出现水平裂缝，从试验现象看，当加载至层间位移角为 1/800 时，缝间墙和实体墙出现极细裂缝，当层间位移角为 1/550 时，缝间墙和实体墙的裂缝继续发展并新增多条裂缝，缝间墙上端部分水平裂缝贯通。

综上，在风荷载和多遇地震作用下，对钢节点连接装配式混凝土框架结构，按弹性方法计算的楼层最大水平位移与层高之比的限值不宜大于 1/550；对内嵌竖缝墙的钢节点连接装配式混凝土框架结构，按弹性方法计算的楼层最大水平位移与层高之比的限值不宜大于 1/800，以确保结构具有必要的刚度，满足正常使用条件下的要求。

根据试验和理论研究结果，对有竖缝墙以及无竖缝墙的钢节点连接装配式混凝土框架结构，地震下极限位移角均超过 1/50，位移延性系数达到 3.0 以上，变形和耗能能力良好。因此，在罕遇地震作用下，薄弱层的弹塑性层间位移角限值可取 1/50。

7.2 计算分析

钢节点连接装配式混凝土框架结构基本满足装配整体性要求，可以采用现行的结构设计软件进行分析，在整体结构弹性分析计算时，梁柱节点可按刚性节点考虑；弹性阶段阻尼比可按 0.05 计算。

考虑到预制混合梁钢接头和钢节点长度与所在梁的跨度相比较小，其钢接头对梁柱刚度的影响可忽略，可仅输入混凝土柱和混凝土梁截面进行计算，以保证结构设计方法的延续和简便。当需要较为精确地计算框架抗侧刚度，可按普通混凝土梁输入，在总体参数输入时，按本书第 2 章提出的混合梁抗弯刚度削减系数 ζ 考虑刚度折减，即可得到较为准确的框架刚度和自振周期。

带楼板节点和不带楼板节点的试验结果有较大差别；梁端受负弯矩作用时，与梁平行的楼板中一定宽度范围内的板纵筋参与受拉，梁端受正弯矩作用时，楼板在一定范围内参与受压。楼板这种作用在框架中节点和端节点均存在，但其影响作用不同。钢节点连接装配式混凝土框架多采用叠合楼板，楼板对梁刚度增大系数影响较小，分析时梁刚度增大系数取值宜小于现浇结构的梁刚度增大系数，因此，在结构内力与位移计算时，叠合板可假定其在自身平面内为无限刚性，预制混合梁的刚度可计入楼板翼缘作用予以增大，梁刚度增大系数可根据翼缘情况取 1.4 ~ 1.8。

对内嵌竖缝墙的钢节点连接装配式混凝土框架结构，竖缝墙的竖缝将整片墙分为若干墙肢，使原来整片墙以剪切变形为主变成各墙肢弯曲变形为主，提高了墙体塑性变形和耗能能力，为主体结构提供更大的附加阻尼，其作用类似于消能器，故设计时可将竖缝墙作为消能器，参照《建筑消能减震技术规程》JGJ 297[2] 相关规定进行设计；同时，为确保竖缝墙先于主体结构屈服，竖缝墙的屈服位移应不大于主体结构屈服位移的 2/3。

7.3　构造要求

与传统预制混凝土梁不同，由于端部钢梁的塑性变形能力优于混凝土梁，在地震作用下，预制混合梁端部的损伤主要出现在混凝土梁端部，塑性铰长度为 0.5 ~ 1.0 倍混凝土梁段的高度，端部钢梁未出现局部屈曲等破坏现象。因此，为实现梁端塑性铰外移，需保证钢梁段承载力与实际受力比值要高于混凝土梁段承载力与实际受力比值，以确保在混凝土梁段钢筋屈服之前钢梁段不发生屈服。基于试验和理论分析结果，预制混合梁按端部钢梁受弯承载力大于或等于混凝土梁受弯承载力的原则进行设计，并满足"强剪弱弯"设计原则，其混凝土梁段与钢梁段设计受弯承载力比（M_{uc}/M_{us}）宜在 0.8 ~ 1.0 范围内取值。此外，由于梁端塑性铰出现外移，预制混合梁梁端箍筋加密区范围起算点应从钢接头在钢筋混凝土梁内的端部开始起算，如图 7.3-1 所示，箍筋加密区长度可按现行混凝土结构设计规范取值。

预制混合梁端部钢梁长度以及钢梁伸入混凝土梁段内的长度是预制混合梁的两个重要指标，其中钢梁与混凝土梁段的连接节点是钢筋和钢结构之间传力连接的关键节点，对预制混合梁的整体受力性能有重要影响。钢梁与混凝土梁匹配关系分析结果表明，预制混合梁中端部钢梁越短，组合效率越高，为使端部钢梁强度在得到充分利用的同时钢材用量相对较少，建议端部钢梁长度在 200 ~ 400mm 范围内取值，在满足施工操作空间条件下取较小值。试验和理论分析结果表明，钢梁与混凝土梁

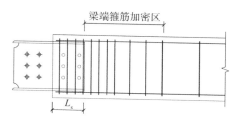

图 7.3-1 预制混合梁端部构造示意图

段连接节点在受力过程中保持了较好的整体性，未出现破坏，连接节点可视为刚性节点，预制混合梁中不同部分之间的应力可通过该连接节点可靠传递，设计时预制混合梁中钢梁段伸入钢筋混凝土梁段的长度 L_s 宜满足式（7.3-1）的要求，且 L_s 不应小于预制混合梁中混凝土梁段高度的一半；同时建议该结合段设置加强箍筋，箍筋直径不应小于 10mm，间距不大于 50mm，以对结合段区域混凝土形成有效约束，保证钢筋和钢梁间的可靠传力。

$$L_s \geqslant 10d+30 \tag{7.3-1}$$

式中：d——梁纵筋直径。

　　与现浇混凝土框架结构一样，钢节点连接装配式混凝土框架结构在抗震设计时也应满足"强柱弱梁"和"强节点，弱构件"的抗震设计原则。"强柱弱梁"的设计可参照现行国家标准《建筑抗震设计规范》GB 50011 相关规定，采用强柱弱梁的弯矩增大系数来实现，考虑到钢材的塑性变形能力较强，建议采用框架梁的实际抗震受弯承载力来确定柱端组合的弯矩设计值，以确保强柱弱梁的实现。

　　钢节点连接装配式混凝土框架结构的梁柱节点采用钢套箍增强型节点构造，钢梁宜贯通梁柱节点或采用内隔板传力方式，如图 7.3-2 所示。节点区的钢套箍增强了对节点核心区混凝土的约束作用，更易实现"强节点"的抗震设计理念。大量的试验和理论分析结果表明，该类型节点的受剪承载力较高，节点域剪切变形较小，在极限位移下，梁柱节点可保持无损伤状态，具有良好的受力和抗震性能。该类型节点的受力机理主要为节点域钢套箍腹板"剪力墙"机构和混凝土斜压杆机构的综合作用，节点域受剪承载力等于节点域钢套箍腹板和混凝土受剪承载力之和；由于钢套箍仅在节点区设置，竖向轴压力对节点承载力影响不明显，节点受剪承载力计算时可偏于安全地不考虑轴压力对承载力的增大作用，节点域受剪承载力可按式（7.3-2）计算。为确保钢套箍的焊接质量，确保梁柱节点区的承载能力，钢套箍的最小厚度不应小于 6mm。

$$V_j \leqslant \frac{1}{\gamma_{RE}} \left(0.14\alpha_F b_c h_c f_c + 0.58 A_{sb} f_{yb} + 0.4 \sum A_t f_{yt} \right) \tag{7.3-2}$$

式中：h_c——柱截面高度（mm）；

　　　b_c——柱截面宽度（mm）；

　　　α_F——节点位置影响系数，对中节点取 1.0，边节点取 0.7，顶柱和角柱节点取 0.4；

　　　A_{sb}——钢梁腹板截面面积；

　　　A_t——节点钢套箍顺剪力方向的面积；

　　　f_{yb}——钢梁腹板抗拉强度设计值；

　　　f_{yt}——节点钢套箍抗拉强度设计值。

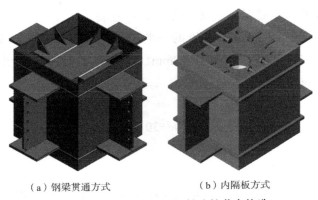

（a）钢梁贯通方式　　　　　　　　（b）内隔板方式

图 7.3-2　钢套箍增强型梁柱连接节点构造

　　预制混合梁端部钢梁段以及节点区钢套箍应进行防火和防腐处理。当预制混合梁端部钢梁段采用混凝土包裹方式处理时，可不进行防火和防腐处理，但节点区钢套箍仍有外露部分，此外露部分应进行防火和防腐处理，防腐、防火涂料的性能指标应符合现行国家和行业相关标准的规定。

参考文献

[1]　中华人民共和国住房和城乡建设部 . 建筑抗震设计规范（2016 年版）：GB 50011—2010[S].
　　　北京：中国建筑工业出版社，2015.

[2]　中华人民共和国住房和城乡建设部 . 建筑消能减震技术规程：JGJ 297—2013[S]. 北京：中国
　　　建筑工业出版社，2013.

第8章 工程实例

8.1 工程概况

某公司职工宿舍项目位于天津市静海区，项目建筑总平面图及建筑效果图分别如图 8.1-1 和图 8.1-2 所示。职工宿舍采用内嵌竖缝墙的钢节点连接装配式混凝土框架结构体系。职工宿舍建筑面积约 6500m²，地上 4 层，层高均为 3.6m，结构总高度 14.85m。建筑平面尺寸为：长 87.2m，宽 18.6m。考虑到结构平面在长度方向超长，其中部设置一道防震缝将结构分为左右两个独立的单元。

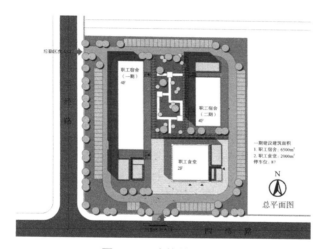

图 8.1-1 建筑总平面图

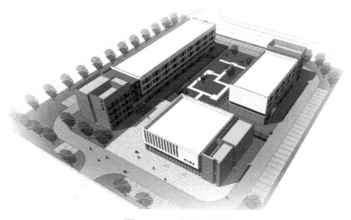

图 8.1-2 建筑效果图

8.2　设计条件及主要参数

本项目所处区域抗震设防烈度为 7 度，设计基本地震加速度值为 0.15g，设计地震分组为第二组，建筑场地类别为Ⅲ类，特征周期为 0.55s。建筑物抗震设防类别为标准设防类，设计工作年限为 50 年，框架抗震等级为三级，抗震构造措施等级为二级。

基本雪压和基本风压按 50 年重现期考虑，基本雪压 0.40kN/m²，基本风压 0.50kN/m²，地面粗糙度类别为 B 类，风荷载体型系数取 1.3。多遇地震和罕遇地震下水平地震影响系数最大值分别为 0.12 和 0.72，多遇地震和罕遇地震下地震加速度峰值分别为 55cm/s² 和 310cm/s²。

8.3　结构体系与装配式建筑评价

本项目采用内嵌竖缝墙的钢节点连接装配式混凝土框架体系，其中框架柱采用多层连续预制混凝土柱，框架梁采用两端带钢接头的预制混合梁，次梁采用端部带钢企口的预制混凝土梁（与主梁铰接连接），楼板采用预制混凝土叠合楼板。

框架柱截面主要尺寸为 500mm×500mm，子结构框架柱截面尺寸为 650mm×650mm；框架梁截面主要尺寸为 300mm×600mm，子结构框架梁截面尺寸为 450mm×650mm；竖缝墙厚 200mm；楼板采用 60mm 厚预制叠合板 +70mm 厚现浇混凝土层。框架柱混凝土强度等级为 C45，竖缝墙混凝土强度等级为 C35，梁、板混凝土强度等级为 C30，其中子结构中预制混合梁的混凝土等级为 C40。钢筋采用 HPB300 级、HRB400 级和 HRB500 级钢筋；型钢、钢板采用 Q355B。

按《装配式建筑评价标准》GB/T 51129—2017[1] 进行装配式建筑评分，其中主体结构部分评价分值为 50 分。地上围护墙均采用预制外挂墙板，实现了围护墙与保温、隔热和装饰一体化；非承重内隔墙使用 ALC 内隔墙，满足装配比例 ≥ 50% 的评分要求；围护墙和内隔墙部分评价分值为 15 分，装修和设备管线部分评价分值为 15 分，总分为 80 分，装配率达到 85%。

根据装配式建筑评价等级划分标准：装配率为 60% ~ 75%，A 级装配式建筑；装配率为 76% ~ 90%，AA 级装配式建筑；装配率为 91% 及以上，AAA 级装配式建筑。因此，本项目装配式建筑评价等级达到了 AA 级装配式建筑的标准。

8.4　竖缝墙设计及布置

竖缝墙是在剪力墙中间按一定间距设置竖缝，通过在竖缝处填入延性好、易滑移填充材料形成的延性墙板。墙板在弹性状态下具有一定的刚度，在强震下刚度又能适当降低，反复荷载下性能稳定，变形能力好，是一种抗震性能良好的耗能构件。本项目设计中竖缝墙性能状态为：在多遇地震下处于弹性工作状态，为结构提供抗侧刚度和抗扭刚度，在设防地震和罕遇地震下进入屈服耗能，保护主体结构，提高结构的抗震性能。根据《高层民用建筑钢结构技术规程》JGJ 99—2015[2] 附录 D，确定本工程竖缝墙的尺寸如图 8.4-1 所示，主要设计参数见表 8.4-1。

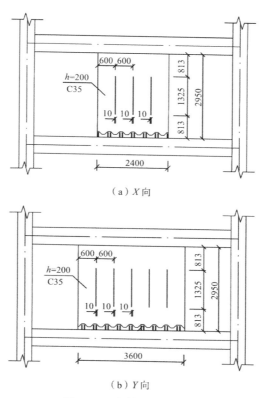

（a）X向

（b）Y向

图 8.4-1 竖缝墙尺寸详图

竖缝墙主要设计参数 表 8.4-1

结构	墙板类型	墙厚（mm）	屈服承载力（kN）	屈服位移（mm）	初始刚度（kN/mm）	极限承载力（kN）	极限位移（mm）	数量
左塔	X向	200	765	4.8	160	1160	30	20
	Y向	200	1150	4.8	245	1735	30	16
右塔	X向	200	765	4.8	160	1160	30	20
	Y向	200	1150	4.8	245	1735	30	12

根据建筑布置及建筑使用功能要求，对左塔结构，在 1 ~ 4 层两个方向布置竖缝墙，每层布置 X 向墙板 5 个，Y 向墙板 4 个；对右塔结构，在 1 ~ 4 层两个方向

布置竖缝墙，每层布置 X 向墙板 5 个，Y 向墙板 3 个。竖缝墙平面布置图如图 8.4-2 和图 8.4-3 所示。

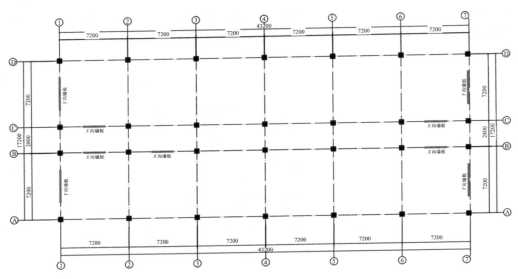

图 8.4-2　左塔结构竖缝墙布置图（1 ～ 4 层）

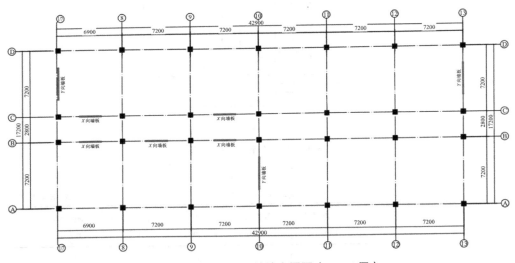

图 8.4-3　右塔结构竖缝墙布置图（1 ～ 4 层）

8.5　多遇地震整体结构弹性分析

8.5.1　多遇地震反应谱分析结果

采用北京盈建科软件有限责任公司的 YJK 软件和美国 CSI 公司的 ETABS 软件进行计算分析，对两个软件独立计算的结果进行对比分析。以下分析结果仅展示左塔结构。

1. 纯框架结构与内嵌竖缝墙框架结构对比分析

采用 YJK 软件建立纯框架结构和内嵌竖缝墙框架结构的弹性分析模型，纯框架结构和内嵌竖缝墙框架结构模型分别如图 8.5-1 和图 8.5-2 所示。由于 YJK 软件中没有模拟竖缝墙的构件和连接单元，且在多遇地震作用下竖缝墙处于弹性工作状态。因此，根据水平地震作用下竖缝墙的受力特点，分析模型中采用等效支撑简化模型，即按刚度等效原则将竖缝墙等效为偏心交叉支撑，支撑等效截面见表 8.5-1。

图 8.5-1 YJK 计算模型——纯框架模型

图 8.5-2 YJK 计算模型——内嵌竖缝墙框架模型

偏心交叉支撑等效截面 表 8.5-1

等效支撑类型	等效支撑材料	等效支撑与水平轴夹角	初始刚度（kN/mm）	等效截面（mm）
X 向	钢	57°	160	75×75
Y 向	钢	46°	245	78×78

左塔结构分析结果见表 8.5-2，可以看出：①设置竖缝墙后，结构的抗侧刚度和抗扭刚度增加，结构周期及周期比显著减小。②纯框架结构在多遇地震作用下两个方向的最大层间位移角分别为 1/525 和 1/431，两个方向的最大层间位移角不满足弹性层间位移角限值 1/550 的要求。内嵌竖缝墙框架结构在多遇地震作用下两个方向的最大层间位移角分别为 1/807 和 1/855，满足规范要求，同时满足框剪结构弹

性层间位移角限值 1/800 的要求。

综上，设置竖缝墙后结构抗侧刚度提高明显，层间位移角满足规范要求；结构扭转位移比减小，结构抗扭刚度得到提高。

表 8.5-2

左塔结构分析结果

项次		纯框架结构	内嵌竖缝墙框架结构
周期（s）	1	0.832	0.617
	2	0.821	0.580
	3	0.722	0.423
周期比		0.87	0.68
层间位移角最大值	X 向	1/525	1/807
	Y 向	1/431	1/855
位移比	X 向	1.06	1.05
	Y 向	1.36	1.24

2. 内嵌竖缝墙框架结构对比分析

为精确地分析内嵌竖缝墙框架结构的受力性能，采用 ETABS 软件建立内嵌竖缝墙框架结构的计算模型，并用于后续弹性及弹塑性分析。根据竖缝墙的受力特点以及规范相关要求，ETABS 计算中采用非线性连接单元（Multilinear Plastic）模拟竖缝墙，滞回类型采用枢纽点（Pivot）滞回塑性属性，可较好地模拟竖缝墙屈服后的非线性行为。为相互验证计算模型的正确性，将 YJK 等效支撑简化模型与 ETABS 模型进行对比分析，图 8.5-3 和图 8.5-4 分别给出了 YJK 和 ETABS 内嵌竖缝墙框架结构模型。

左塔分析结果见表 8.5-3，由表可以看出，两种软件计算得到的周期、层间位移角、位移比、基底剪力以及底层框架部分承担地震倾覆力矩比等指标基本一致，YJK 模型计算结果相对偏于安全。

图 8.5-3　YJK 内嵌竖缝墙框架结构模型

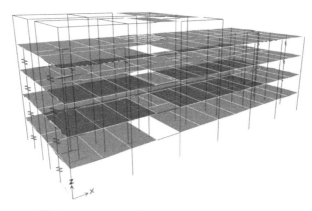

图 8.5-4 ETABS 内嵌竖缝墙框架结构模型

左塔分析结果   表 8.5-3

项次		YJK 模型	ETABS 模型
周期（s）	1	0.617	0.607
	2	0.580	0.571
	3	0.423	0.416
周期比（T_3/T_1）		0.68	0.69
层间位移角最大值	X 向	1/807	1/815
	Y 向	1/855	1/883
位移比	X 向	1.05	1.04
	Y 向	1.24	1.22
基底剪力（kN）	X 向	4810	4670
	Y 向	4660	4585
底层框架部分承担地震倾覆力矩比	X 向	64.8%	63.5%
	Y 向	58.8%	56.7%

8.5.2 多遇地震弹性时程分析结果

采用 ETABS 软件进行结构的弹性动力时程分析，地震波采用 2 条人工波和 5 条天然波，如图 8.5-5 所示。各条地震波的特征周期符合《建筑抗震设计规范》GB 50011—2010 的要求，峰值加速度按《建筑抗震设计规范》（2016 年版）GB 50011—2010 的要求采用，地震波有效持时均不小于 5 倍的结构基本周期。地震波按双向输入，主次方向加速度最大值的比值为 1∶0.85，主方向 55cm/s²，次方向 46.75cm/s²。

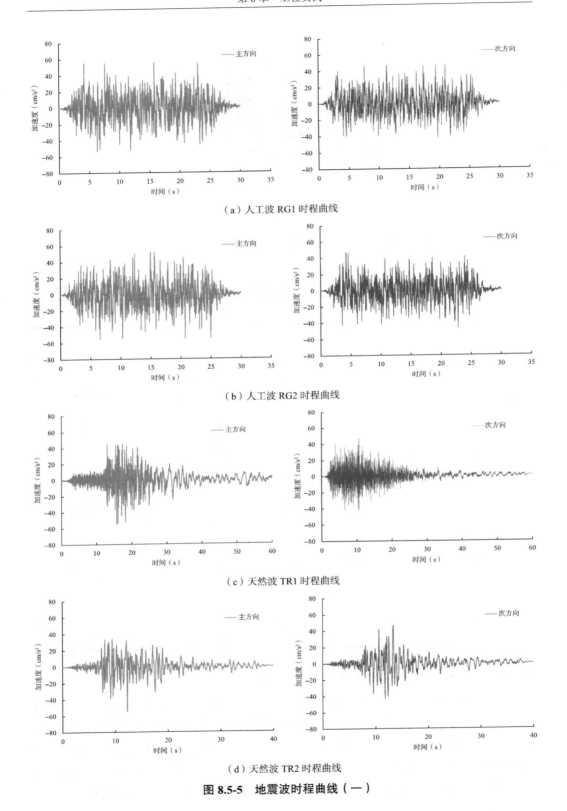

（a）人工波 RG1 时程曲线

（b）人工波 RG2 时程曲线

（c）天然波 TR1 时程曲线

（d）天然波 TR2 时程曲线

图 8.5-5　地震波时程曲线（一）

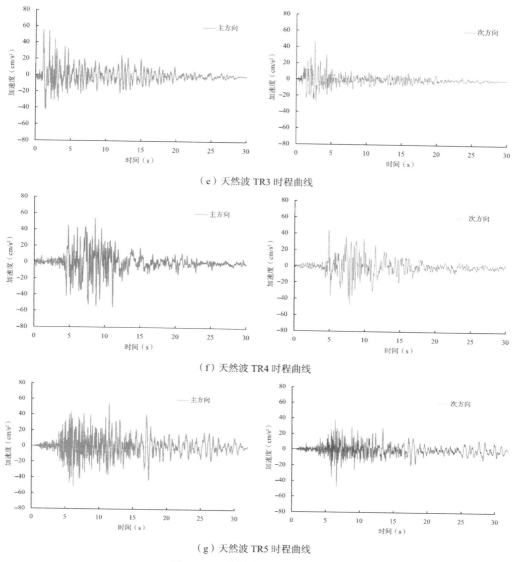

（e）天然波 TR3 时程曲线

（f）天然波 TR4 时程曲线

（g）天然波 TR5 时程曲线

图 8.5-5 地震波时程曲线（二）

弹性时程分析结果见表 8.5-4，可以看出，结构的层间位移角均满足规范限值要求。两个方向的竖缝墙承担的最大剪力均未超过屈服承载力（X 向 1160kN，Y 向 1735kN），表明多遇地震作用下竖缝墙均未屈服，处于弹性工作状态。

弹性时程分析结果 表 8.5-4

项次		数值
基底剪力（kN）	RG1X	4372
	RG1Y	4636
	RG2X	4277

续表

项次		数值
基底剪力（kN）	RG2Y	4512
	TR1X	4837
	TR1Y	4273
	TR2X	4238
	TR2Y	3700
	TR3X	3923
	TR3Y	3668
	TR4X	4957
	TR4Y	4323
	TR5X	4784
	TR5Y	5400
层间位移角最大值	RG1X	1/855
	RG1Y	1/980
	RG2X	1/869
	RG2Y	1/901
	TR1X	1/934
	TR1Y	1/1063
	TR2X	1/877
	TR2Y	1/1063
	TR3X	1/917
	TR3Y	1/980
	TR4X	1/813
	TR4Y	1/990
	TR5X	1/806
	TR5Y	1/819
竖缝墙承担的最大剪力（kN）	X向	418
	Y向	752

8.6　罕遇地震整体结构弹塑性分析

　　罕遇地震下弹塑性时程分析选用 3 组地震波，包括 1 组人工波和 2 组天然波，如图 8.6-1 所示。地震波按双向输入，主次方向加速度最大值的比值为 1∶0.85，主方向 310cm/s²，次方向 264cm/s²。

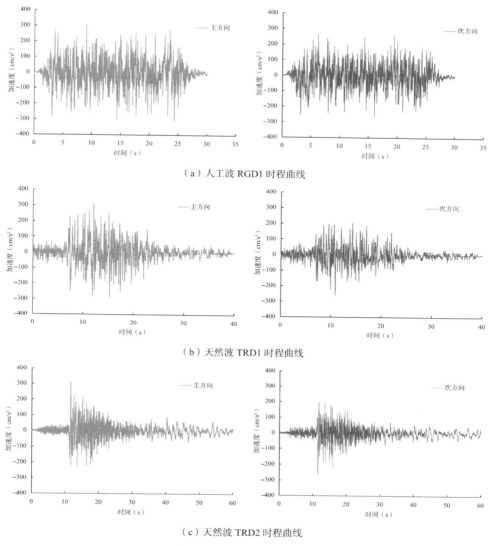

（a）人工波 RGD1 时程曲线

（b）天然波 TRD1 时程曲线

（c）天然波 TRD2 时程曲线

图 8.6-1 地震波时程曲线

8.6.1 基底剪力和层间位移角最大值

由表 8.6-1 可知，作为主方向输入时，结构在两个方向上的最大层间位移角分别为 1/168 和 1/193，所有楼层均满足罕遇地震下弹塑性层间位移角 1/100 限值要求。

左塔弹塑性时程分析结果 表 8.6-1

项次		数值（包络值）
最大层间位移角	X 向	1/168
	Y 向	1/193
基底剪力（kN）	X 向	25163
	Y 向	25772

8.6.2　竖缝墙工作状态

罕遇地震作用下一至三层竖缝墙全部进入屈服工作状态，四层部分竖缝墙进入屈服工作状态，竖缝墙起到耗散能量保护主体结构的作用。图 8.6-2 给出了左塔结构两个方向竖缝墙的滞回曲线，由图可知，滞回曲线较为饱满，表明竖缝墙进入屈服耗能，处于弹塑性工作状态，能够有效耗散地震输入能量。

左塔结构竖缝墙承担的最大剪力为 X 向：1082kN，Y 向：1678kN，均未超过极限承载力；竖缝墙最大位移为 X 向：14.89mm，Y 向：16.25mm，未超过竖缝墙极限变形。

图 8.6-3 给出了左塔结构在天然波下的能量时程曲线，由图可知，地震能量输入初期，结构处于弹性工作状态，只有结构固有阻尼耗能；随着地震作用增加，竖缝墙进入屈服耗能，地震输入能量主要由结构固有阻尼和竖缝墙耗散。可见，在罕遇地震作用下，竖缝墙进入屈服，耗散了大部分地震输入能量，有效地保护了主体结构。根据基于能量的计算方法，在罕遇地震作用下，竖缝墙可为整体结构提供约 3.5% 的附加阻尼比。

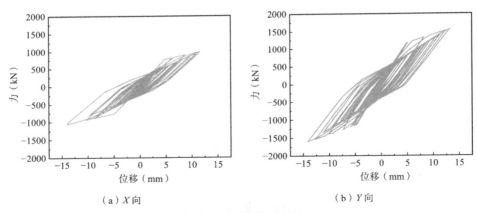

（a）X 向　　　　　　　　　　（b）Y 向

图 8.6-2　竖缝墙滞回曲线

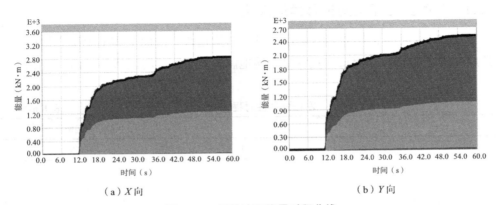

（a）X 向　　　　　　　　　　（b）Y 向

图 8.6-3　天然波下能量时程曲线

8.7 梁柱连接节点设计

本项目梁柱节点采用钢套箍增强型节点构造，梁柱连接节点示意图如图 8.7-1 所示。节点钢构件在工厂制作，并与预制混凝土柱浇筑成整体。钢套箍可对节点域混凝土形成有效约束，提高节点的受剪承载力。通过节点钢构件的外伸钢牛腿，预制混合梁可便捷地与预制柱进行装配连接。最后，预制混合梁钢梁段与叠合板现浇层混凝土一起浇筑，形成整体。

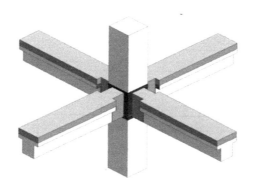

图 8.7-1 梁柱连接节点示意图

8.7.1 节点受剪承载力计算

节点域受剪承载力按第 7 章式（7.4-2）计算，对中节点，柱截面为 500mm×500mm 时，节点域受剪承载力为 3561.6kN，柱截面为 650mm×650mm 时，节点域受剪承载力为 5062.5kN；对边节点，柱截面为 500mm×500mm 时，节点域受剪承载力为 3327.1kN，柱截面为 650mm×650mm 时，节点域受剪承载力为 4655.8kN。

8.7.2 节点受剪承载力验算

表 8.7-1 给出了左塔结构首层梁柱节点受剪承载力验算结果，由表可知，各层梁柱节点受剪承载力验算满足要求，且有较大的安全度。

左塔结构首层顶梁柱节点受剪承载力验算结果 表 8.7-1

节点编号	类型		节点剪力设计值		节点受剪承载力		Q_{px}/V_{jx}	Q_{py}/V_{jy}
	X 向	Y 向	V_{jx}（kN）	V_{jy}（kN）	Q_{px}（kN）	Q_{py}（kN）		
1	边节点	边节点	805.8	1587.8	4655.8	4655.8	5.78	2.93
2	边节点	中节点	1345.5	1844.1	4655.8	5062.5	3.46	2.75
3	边节点	中节点	1341.7	1841.4	4655.8	5062.5	3.47	2.75
4	中节点	边节点	965.2	795.3	3561.6	3327.1	3.69	4.18

续表

节点编号	类型		节点剪力设计值		节点受剪承载力		Q_{px}/V_{jx}	Q_{py}/V_{jy}
	X 向	Y 向	V_{jx} (kN)	V_{jy} (kN)	Q_{px} (kN)	Q_{py} (kN)		
5	中节点	中节点	1731.9	1219.5	5062.5	5062.5	2.92	4.15
6	中节点	中节点	1447.3	1287.8	5062.5	5062.5	3.50	3.93
7	中节点	边节点	1008.9	851.5	3561.6	3327.1	3.53	3.91
8	中节点	边节点	857.4	745.0	3561.6	3561.6	4.15	4.78
9	中节点	中节点	1427.4	1113.5	5062.5	5062.5	3.55	4.55
10	中节点	中节点	977.3	1151.2	3561.6	3561.6	3.64	3.09
11	中节点	边节点	963.9	777.9	3561.6	3327.1	3.69	4.28
12	中节点	边节点	955.8	721.9	3561.6	3327.1	3.73	4.61
13	中节点	中节点	985.1	1045.6	3561.6	3561.6	3.62	3.41
14	中节点	边节点	1010.2	1075.0	3561.6	3327.1	3.53	3.09
15	中节点	边节点	965.3	743.0	3561.6	3327.1	3.69	4.48
16	中节点	边节点	941.5	718.3	3561.6	3327.1	3.78	4.63
17	中节点	中节点	972.7	1051.7	3561.6	3561.6	3.66	3.39
18	中节点	中节点	984.2	1052.6	3561.6	3561.6	3.62	3.38
19	中节点	边节点	965.4	719.5	3561.6	3327.1	3.69	4.62
20	中节点	边节点	987.8	706.5	3561.6	3327.1	3.61	4.71
21	中节点	中节点	1426.4	1054.2	5062.5	5062.5	3.55	4.80
22	中节点	中节点	1432.2	1118.4	5062.5	5062.5	3.53	4.53
23	中节点	边节点	1006.3	756.6	3561.6	3327.1	3.54	4.40
24	边节点	边节点	821.0	1286.2	4655.8	4655.8	5.67	3.62
25	边节点	边节点	807.5	1284.5	4655.8	4655.8	5.77	3.62
26	边节点	中节点	1305.5	1477.9	3327.1	3561.6	2.55	2.41
27	边节点	中节点	1310.2	1474.4	3327.1	3561.6	2.54	2.42
28	边节点	边节点	821.0	1588.8	4655.8	4655.8	5.67	2.93

8.8 小结

（1）相比装配整体式混凝土框架，采用内嵌竖缝墙的钢节点连接装配式混凝土框架可提高结构刚度、增加结构抗扭刚度，结构抗扭能力得到改善；在多遇地震作用下，结构周期比、层间位移角和位移比等各项指标均满足规范要求。

（2）在罕遇地震作用下，竖缝墙屈服耗能，有效地减轻了主体结构的损伤，保护了主体结构的安全，整体结构抗震性能得到提高。

（3）内嵌竖缝墙的钢节点连接装配式混凝土框架在多遇地震下的弹性层间位移

角满足规范要求；在罕遇地震作用下的弹塑性层间位移角满足规范要求。整体结构可实现"小震不坏、中震可修、大震不倒"的抗震性能目标。

参考文献

[1] 中华人民共和国住房和城乡建设部.装配式建筑评价标准：GB/T 51129—2017[S].北京：中国建筑工业出版社，2017.

[2] 中华人民共和国住房和城乡建设部.高层民用建筑钢结构技术规程：JGJ 99—2015[S].北京：中国建筑工业出版社，2015.

附录：主要符号表

A_s	单肢缝间墙受拉纵筋截面面积
A_{sb}	钢梁腹板截面面积
A_t	节点钢套箍顺剪力方向的面积
a_1	缝间墙墙肢受拉钢筋合力点至混凝土边缘的距离
b_c	柱截面宽度
C_c	混凝土梁截面抗剪刚度
C_s	钢梁截面抗剪刚度
c_3	考虑剪切刚度突变引入的修正常数
D_c	混凝土梁截面抗弯刚度
D_s	钢梁截面抗弯刚度
d	钢筋直径
E	能量耗散系数
E_{bc}	梁中混凝土弹性模量
E_{bs}	梁中钢骨弹性模量
E_c	混凝土弹性模量
E_p	累积耗能
E_s	钢材弹性模量
$E_{scw,c}$	竖缝墙混凝土弹性模量
F	框架柱顶水平力
F_D	缝间墙总阻尼力
F_{Di}	每肢缝间墙的阻尼力
F_e	钢梁效率系数
F_{QAB}	预制混合梁 A 端剪力
F_{QBA}	预制混合梁 B 端剪力
f_y	钢材屈服强度
f_{yb}	钢梁腹板抗拉强度设计值
f_{yt}	节点钢套箍抗拉强度设计值
f_u	钢材抗拉强度
h_d	应变测点到预制混合梁底的距离
h_b	预制混合梁截面高度
h_0	计算单元墙体高度

h_1	缝间墙高度
h_c	柱截面高度
h_B	梁截面高度
H	层高
H_b	预制混合梁固定端到悬臂端的长度
H_c	柱计算高度
H_d	柱身水平位移测点到柱底的距离
H_e	水平荷载到柱底的距离
I_{bc}	混凝土梁截面惯性矩
I_{bs}	钢骨截面惯性矩
I_c	混凝土柱截面惯性矩
I_{col}	框架柱截面惯性矩
I_s	钢梁截面惯性矩
i_b	预制混合梁线刚度
i_{beam}	框架梁线刚度
i_c	混凝土梁线刚度
i_{col}	框架柱线刚度
i_s	钢梁线刚度
K	抗侧刚度
K_0	初始刚度
K_{cal}	内嵌竖缝墙的钢节点连接装配式混凝土框架弹性抗侧刚度理论值
K_{cr}	开裂刚度
K_{frame}	钢节点连接装配式混凝土框架抗侧刚度
K_i	第 i 级加载时试件的割线刚度
K_{i1}	第 i 级加载时试件的环线刚度
K_{test}	内嵌竖缝墙的钢节点连接装配式混凝土框架抗侧刚度试验值
K_y	屈服刚度
K_m	峰值刚度
K_{scw}	竖缝墙抗侧刚度
$K_{scw,k}$	第 k 个缝间墙墙肢抗侧刚度
K_u	极限刚度
$\boldsymbol{k}$	预制混合梁刚度矩阵
L	梁计算跨度
L_1	塑性铰 1 到支座的距离
L_2	塑性铰 2 到支座的距离
L_d	应变测点到预制混合梁左端支座的距离

L_n	预制混合梁净跨
L_s	钢梁长度
l	竖缝墙宽度
l_1	缝间墙墙肢宽度（含缝宽）
l_{10}	缝间墙墙肢宽度（不含缝宽）
l_s	钢梁伸入混凝土梁段内的长度
M	截面弯矩
M_A	预制混合梁 A 端弯矩
M_B	预制混合梁 B 端弯矩
M_c	预制混合梁跨中弯矩；混凝土梁截面的受弯承载力
M_D	竖缝墙对实体墙两端梁截面产生的附加弯矩
M_s	靠近支座的钢梁端部弯矩；钢梁截面的受弯承载力
M_{s2}	钢梁上翼缘 S2 测点处的钢梁弯矩
$M_{s,max}$	钢梁所受最大弯矩
M_{uc}	混凝土梁设计受弯承载力
M_{uc1}	跨中混凝土梁截面的极限受弯承载力
M_{uc2}	预制混合梁连接节点相邻混凝土梁截面的极限受弯承载力
M_{us}	钢梁设计受弯承载力
M_w	实体墙根部弯矩
m	缝间墙肢数
N	轴压力
n	试验轴压比
P	加载点处荷载
P_{cal}	理论计算得到的荷载
P_{cr}	开裂荷载
P_{FE}	有限元计算得到的荷载
P_m	峰值荷载
P_i	第 i 级加载时最大荷载
$P_{i,1}$	第 i 级加载时第 1 次循环的最大荷载
$P_{i,2}$	第 i 级加载时第 2 次循环的最大荷载
P_{ij}	第 i 级加载的第 j 次循环时的最大荷载
P_{scw}	竖缝墙的峰值荷载
$P_{scw,y}$	竖缝墙的屈服荷载
$P_{scw,u}$	竖缝墙的极限荷载
P_u	极限荷载
P_{u1}	预制混合梁受弯极限荷载

$P_{u,cal}$	基于虚功原理的极限荷载计算值
$P_{u,exp}$	极限荷载试验值
P_y	屈服荷载
V_B	阻尼力对梁产生弯矩的等效力偶
V_D	竖缝墙对实体墙两端梁截面产生的附加剪力
V_j	梁柱节点域受剪承载力
V_s	钢梁体积
V_w	实体墙根部剪力
Δ	加载点处位移
Δ'	塑性铰区弯曲变形引起的柱顶水平位移
Δ_{cal}	理论计算得到的位移
Δ_{cr}	开裂位移
Δ_{FE}	有限元计算得到的位移
Δ_i	第 i 级加载时最大荷载对应的位移
Δ_{ij}	第 i 级加载的第 j 次循环时的最大荷载对应位移
Δ_m	峰值荷载对应的位移
Δ_y	屈服位移
$\Delta_{scw,y}$	竖缝墙屈服荷载对应的位移
$\Delta_{scw,m}$	竖缝墙峰值荷载对应的位移
$\Delta_{scw,u}$	竖缝墙极限荷载对应的位移
Δ_u	极限位移
t	钢板厚度
t_w	竖缝墙厚度
x	缝间墙根部截面混凝土受压区高度
λ_2	承载力降低系数
μ	延性系数
μ_s	单侧钢梁段长度与预制混合梁跨度的比值
W_e	外力虚功
W_i	虚变形功
α	钢梁截面与混凝土梁截面实际受弯承载力比（长跨比）
α_1	刚度修正系数
α_F	节点位置影响系数
α_{sc}	钢梁截面抗弯刚度与混凝土梁截面抗弯刚度的比值（抗弯刚度比）
γ	剪应变
γ_{sc}	钢梁截面抗弯刚度与混凝土梁截面抗剪刚度的比值（抗剪刚度比）
θ	位移角

θ_{bc}	预制混合梁混凝土段弯曲变形
θ_{bs}	预制混合梁钢梁段弯曲变形
θ_j	节点域剪切转角
θ_c	柱弯曲转角
θ_p	塑性铰转角
θ_y	屈服荷载对应的位移角
θ_m	峰值荷载对应的位移角
θ_u	极限荷载对应的位移角
δ	断后伸长率
ε	应变
ε_0	0° 方向应变值
ε_{45}	45° 方向应变值
ε_{90}	90° 方向应变值
ε_{se}	预制混合梁 S2 测点处应变实测值
ε_{sh}	预制混合梁连接节点假定为铰接时采用弹性理论计算的 S2 测点处应变值
ε_{sr}	预制混合梁连接节点假定为刚接时采用弹性理论计算的 S2 测点处应变值
ξ	考虑剪切变形的刚度修正系数
ζ_{eq}	等效黏滞阻尼系数
η	竖缝墙骨架曲线特征点参数计算中与竖缝墙墙肢宽度相关的系数
η_1	塑性铰区弯曲变形引起的柱顶水平位移占总水平位移的比例
ρ	缝间墙受拉纵筋配筋率
ξ	均质梁单元抗弯刚度削减系数
ψ	预制混合梁广义转角
ω	预制混合梁广义挠度
ω_0	预制混合梁忽略剪切变形情况下的挠度
ω_1	预制混合梁由剪切变形引起的附加挠度
$\omega_{0.5L}$	预制混合梁跨中挠度